U0046553

好想法　相信知識的力量
the power of knowledge

寶鼎出版

阿里巴巴
人才管理聖經

招聘開除 × 建設團隊 × 獲得成果

即學即用的
三板斧
選人育才術

THE ALIBABA MANAGEMENT

阿里巴巴文化布道官

王建和 著

目錄

CONTENTS

PART I
「管理三板斧」背後的邏輯

/Chpater 1/
盛傳江湖的「管理三板斧」到底是什麼？

PART II
「腿部三板斧」實操落地

/ Chpater 5 /

開除三步驟：心要慈，刀要快

/ Chpater 6 /

建設團隊：
在用的過程中養人，在養的過程中用人

PART III
領導力修煉

各界讚譽

．．．

「古今中外，一流的統帥和戰將似乎都是天生的，可仰觀而不可學。真正能讓普通人可以借鑑落地的是不斷提醒自己：要有大我之格局和小我之謙卑。王建和有一顆真正的利他之心，把自己多年的感悟完整地呈現給大家，將大家耳熟能詳的口號落地為管理者可實操的教程。研讀完後，讓我感慨：如果我帶團隊之前就讀到這本書，該是多好的一件事。」

——邱鴻賓／華為營銷實戰落地專家

「很多創業公司都有著很好的初心和願景、很強的專業技能，卻死在了不會管理上。在這本書中，王建和為我們詳盡地闡述了阿里巴巴的管理之道，詳細講解了腿部管理三板斧的動作要領，並精心設計了練習指導。本書的出現將幫助眾多在創業路上艱難前行、摸索管理之道的創業者們。」

——徐小方／口腔醫學博士、博士後，瑞博口腔創始人

「強大的組織能力是企業跨越第二曲線的隱性踏板。如何打造強大的組織能力，將企業做大做強，一直是困擾中小企業發展的難題，王建和老師的扛鼎之作——《阿里巴巴人才管

理聖經》在這方面能夠起到重要的作用。作為阿里老兵，王建和老師不僅能透過自身實踐經歷讓你近距離感受阿里的日常管理工作，還能讓你清晰地懂得其背後的運作邏輯。在本書裡，你將有三大收穫：感知阿里、重拾管理激情、提升管理能力。」

——楊志華／渤海集團董事長

「王建和是一位實戰專家，他是在阿里「管理三板斧」體系下成長起來的，後來又在創業中將阿里「管理三板斧」應用到自己的團隊裡，他接觸的人大多是企業的管理者，對於管理者的需求，他非常了解，相信書中的內容一定能引起管理者的共鳴。」

——艾江生／江西懂居文化傳播有限公司董事長

「第一次聽王建和老師的課，就深深地被王老師所講的內容吸引了。王老師的課程內容非常落地，從不迴避關鍵問題。他的《阿里巴巴人才管理聖經》一書囊括了管理者的實戰心法，內容中乾貨頗多，值得所有管理者學習。」

——馮琳／智晨集團董事長

「阿里『管理三板斧』是所有管理者的必修課。我在聽完王老師的課後，受益匪淺。如今我已經把阿里『管理三板斧』的方法應用到我的企業裡，給所有的中基層、高層管理者賦能，行之有效。真心希望所有的管理者都能讀到本書，相信一定會能激起你內心的驅動力。」

——白雲飛／啟慧工場科技股份有限公司董事長

阿里巴巴管理三板斧
核心詞典

. . .

- **雙軌制績效考核**

從業績和價值觀兩個維度進行考核，兩個維度的考核指標各占50%。

- **「小白兔」式員工**

與企業價值觀匹配，但業績不好的員工。

- **「野狗」式員工**

價值觀不好但業績好的員工。

- **「牛」式員工**

在工作能力上不是很強，但往往任勞任怨，不會做出違背企業價值觀的事。

- **「明星」員工**

業績和價值觀都好的員工。

- 「271」制度

是管理者每季度、每年根據「雙軌制績效考核」，把員工劃分為三個等級：超出期望的員工占20%，符合期望的員工占70%，低於期望的員工占10%。

- TRF原則

培訓他、撤換他、開除他。

- 情理法原則

管理者在遇到到團隊成員的去留問題決策時，堅持法理、還是情理？做事法理情，對人情理法，這是一家企業懂人心、識人性的標準。

- 團隊

阿里對團隊的定義是，一群有情有義的人，做一件有價值、有意義的事。

- 思想團建

跟員工講使命、願景、價值觀。

- 生活團建

創造贏的狀態。

- 目標團建

透過「戰爭」去凝聚團隊。

- **裸心**

讓彼此走進對方的內心。

- **甜蜜點**

一個能讓團隊成員為之感動的環節。

- **記憶點**

透過一場團建要讓團隊成員留下長久的記憶存證。

- **五個一工程**

管理者在一年的時間裡，至少要帶著團隊成員做一次體育活動、做一次娛樂活動、做一次集體聚餐、和每一位員工做一次深度溝通、做一次感人事件。

- **借假修真**

借打好一場仗的假，修追求業績的真；借取得業績的假，修團隊成長的真；借團隊成長的假，修個人成長的真。借尊重人性、回歸本質、挖掘真善美的領導方式去修團隊文化，這就是借假修真。

- **輔導機制**

阿里幫助員工成長的五大核心輔導機制包括培訓機制、分享機制、陪訪機制、演練機制、Review 機制。

• Review 機制

是阿里管理體系中一個非常有效的落地工具，它能幫助員工、幫助團隊、甚至幫助整個組織有效的成長與賦能。

• 揪頭髮

是一種向上思考的思維方式，可以使管理者從更大的範圍和更長的時間來考慮團隊中發生的問題，從而培養全面思考和系統思考的能力。

• 照鏡子

是不斷認知自我、認知團隊的過程，對管理者來說，是像 GPS 一樣的存在，可以不斷地幫助管理者糾正方向，規劃路線。

• 聞味道

人與人之間的關係，每一個團隊都有自己的氣場與味道氛圍，管理者要不斷地提高自身的敏感度和判斷力，從而準確地感知團隊的狀態，把握和識別團隊、組織的味道，及早防微杜漸。

• 一顆心、一張圖、一場仗

企業打天下需要的是能夠形成合力（一顆心），需要形成一張圖，打贏共同的一場仗，也就是阿里說的「一顆心、一張圖、一場仗」。

阿里巴巴管理體系

. . .

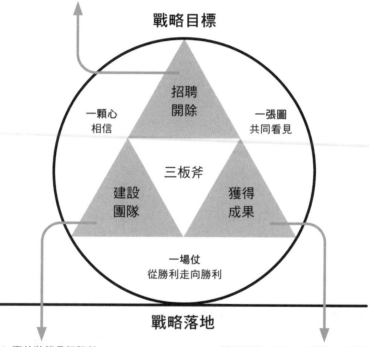

1. 招聘是一切戰略
2. 以事驅人，以事育人，成事成人
3. 心慈刀快

戰略目標

招聘
開除

一顆心
相信

一張圖
共同看見

三板斧

建設
團隊

獲得
成果

一場仗
從勝利走向勝利

戰略落地

1. 贏的狀態是打勝仗
2. 共情：人在一起，心在一起
3. 勝則舉杯相慶，敗則生死相救
4. 創精神，造夢想

1. 借假修真：修人、修事、修機制
2. 達到業績增長的三倍目標
3. 追過程：一盯、一面、一輔導

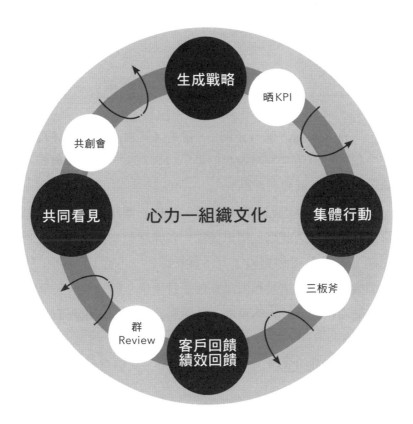

心力：溫度、氣度、烈度　　　　**組織文化**：使命、價值、情感
腦力：經緯度　　　　　　　　　**組織能力**：人才能力、組織能力
體力：力度、柔韌度、精準度　　**組織治理**：結構、關係、機制、流程

自 序

. . .

「有人的地方就有江湖」，這是《笑傲江湖》中任我行在令狐沖有退隱之意時說出的話。只要有人，就會有恩怨、紛爭與故事，就會有江湖。

如果把阿里巴巴（簡稱阿里）比作一個江湖，那麼這裡豪傑輩出、群英並起、情重姜肱。我非常榮幸能夠加入這個江湖，並且參與和見證了其「從0到1」、「從1到100」的整個發展歷程。這段和阿里夥伴「打天下」的經歷，不僅對我的能力成長有巨大的幫助，甚至對我的整個人生都有深遠的影響。

首先自我介紹一下，我叫王建和，我給自己貼了三個標籤：

第一個標籤是「阿里工作九年的老兵」。我在阿里工作了九年多，經歷了從一線業務人員到管理者的完整過程。整整九年都是在阿里「中供鐵軍」中度過的，也就是江湖上赫赫有名的阿里鐵軍。

第二個標籤是「阿里文化布道官」。我在2016年當選為「阿里文化布道官」，見證並參與了阿里從一個「笑話」到一個「神話」的完整過程。

　　第三個標籤是「一名創業者」。這些年，我服務過很多企業，同時也創辦了自己的企業。我的企業在經營管理中也遇到了很多問題。於是，我接受了一些商學院的系統教育，並將我在阿里管理實戰中總結的經驗不斷地提煉、打磨和萃取，最終指導實踐。在這個過程中，我成為正和島的年度講師，也受邀去華為、海爾、聯想控股等各大企業講課，從實戰走到了理論，又從理論回到了實戰。

　　2019年，阿里迎來成立20週年，這是阿里創造神話的20年。「聚是一團火，散是滿天星」，阿里從最初以馬雲為首的「十八羅漢」創始員工，發展成至今擁有約13萬名員工；從杭州的湖畔花園起家，到去美國紐約證券交易所上市敲鐘。阿里是如何走到現在的？它背後的管理機制是怎樣運作的？

　　這一切要從馬雲說起。

　　2010年，王興剛成立美團不久，去找馬雲談投資。見到馬雲後，他問馬雲：「你最強的地方是什麼？」

　　馬雲反問王興：「你覺得呢？」

　　王興回答：「戰略和糊弄。」

　　馬雲哈哈大笑，笑完，他一本正經地說：「我最強的地方是管理。」

　　事實上，白手起家、以信念和夢想鑄就阿里的馬雲，有創新理念，也有謀局智慧，幾經磨難起伏，一度毀譽參半。他厲害的地方有很多——創業者熱愛馬雲，想要學習他的堅持和對夢想的執著；企業家敬佩馬雲，想要學習他的戰略和胸懷。

2018年9月10日，馬雲宣布從阿里退休，把他多年苦心經營的阿里交接給現任CEO張勇（別名「逍遙子」）。在馬雲的退休信裡，他說了這樣一句振聾發聵的話，他說：「今天的阿里巴巴已經是『良將如雲』、『弓馬殷實』。」

何為「良將如雲」？

所謂「良將」，是指能征善戰的將領，比如關羽、張飛、呂布、岳飛，都是古時著名的「良將」。在阿里，「良將」是指能獨立執掌一方，具有領導力的管理者，比如之前阿里的北方大區經理王剛，從阿里出來後先投資了滴滴出行，如今則是滿幫集團的董事長；還有滴滴出行的程維、美團的干嘉偉、趕集網的陳國環、去哪兒網的張強……，這些都是從阿里出來的「良將」。

何為「弓馬殷實」？其原本的意思是指一支隊伍弓馬嫻熟。在阿里，則是指強大的組織能力，也就是馬雲所倡導的管理者培養體系——「管理三板斧」。

那麼，「管理三板斧」到底是什麼？

有人說它是酣暢淋漓的內部培訓；有人說它就是「使命、願景、價值觀」的三段論；有人說它是對不同層級管理者的目標設定方式。眾多說法中，哪一個是三板斧的真相，這個激動人心的概念又如何在企業組織管理中踏實落地？

只有真正體驗過的人最有感覺。

追溯起來，「管理三板斧」應該源於阿里在2010年5月進行的人才盤點。馬雲說過，阿里一年有兩件特別重要的事情，無論多忙他都會推掉其他事務全程參與，一個是4至5月的人才盤點，一個是10至11月的戰略盤點。

　　2010年4到11月間，阿里發生了許多大事，例如推出了全球速賣通、合夥人制度，收購達通（中國內的一站式出口服務供應商）等等。在這期間湧現了許多人才，也發現了許多問題。再加上阿里為了上市引進了許多高層管理人員，衝擊了現有企業文化等因素，增加了2010年的人才盤點難度。

　　為了更精準地進行人才盤點，馬雲及其團隊聽取了各子公司、業務單位以及各團隊的盤點匯報，發現了許多問題，然後根據這些問題進行了深入的討論，為此還閉關數天。人才盤點結束後，馬雲立刻召開了包含資深總監及以上集團高層管理者的組織部會議。在會議上，馬雲首次提出了「管理三板斧」的概念，明確了管理者應該具備的三種能力，並要求管理者平時要不斷地練習，將這三種能力運用得爐火純青，使其發揮出實用價值。

　　「管理三板斧」是阿里的原創理念與管理之道。從「管理三板斧」的提出、研發到運用，阿里投入了大量時間、精力與資源，特別是在管理培訓這一方面。首先，阿里建立了一支擁有雄厚師資力量的隊伍，例如王剛老師，經驗豐富、善於總結，能夠帶給員工許多幫助與正面影響。其次，阿里十分重視課後總結點評，可以從中得到有效的回饋意見。例如，王民明老師會以「管理三板斧」點評嘉賓的身分，為每一個來聽課的員工做分析與點評；時任支付寶CEO的彭蕾，也會在Kick Off課程結束時進行總結回饋；時任支付寶CPO的劉墉也會全程陪同員工聽課，並做好總結工作。

　　做任何事都不能「一口吃個胖子」，培養管理者也是如此。阿里明白，透過「管理三板斧」的培訓只能有限地提高

管理者的管理能力，並不能解決所有的管理問題。因此，阿里還透過開設網上課程、工作坊、沙龍等平台，以溝通、分享等形式，不斷地幫助管理者實現自我突破，提升能力。

「管理三板斧」是阿里的核心管理之道，員工與管理者在學習時，付出愈多，收獲就愈大。在四天的培訓時間裡，對各種真實的業務場景進行模擬重建，讓管理者去學習、體驗。這樣高強度、高壓力的訓練會激發管理者不服輸的精神與強大的內心力量。讓每一個阿里人明白：阿里不只是為你提供一份工作，還能幫助你發現生命的意義。

「管理三板斧」其實在阿里也被稱為「九板斧」。「九板斧」分為頭部、腰部和腿部，分別對應高級、中級和初級管理者，進行經理技能（manager skill）、管理者發展（manager development）和領導力（leadership）三個層次的管理培訓。

在本書中，我主要分享給大家的是「腿部三板斧」，也就是「基層管理三板斧」。為什麼我要先從基層講起呢？這是因為絕大多數企業都是由中基層管理者驅動的。

企業的核心是人推動的，而「人」的核心就是中基層管理者。

就企業組織結構來講，一般的企業組織可以分成三個管理層次，即決策層（高管）、執行層（中基層管理者）和操作層（員工）。組織的層次劃分通常呈現為金字塔式，即決策層的高層管理者少，執行層的中基層管理者多一些，操作層的員工更多。

一般而言，高層管理者花在組織和控制工作上的時間要比中基層管理者多，而中基層管理者花在管理工作上的時間

要比高層管理者多。

如果把高層管理者比作球場上的教練,那麼中基層管理者可以比作隊長——不但要在場上指揮隊友共同進攻,更要身先士卒。他們是企業不容忽視的中堅力量,既是企業發展的基礎,又是企業人才的後備軍。無數優秀的領導者,都是從中基層選拔的。

而阿里的強悍,就強在它的中基層管理者,從管理之道到管理力都極其強悍,他們為阿里的開疆闢土奠定了堅實的基礎。阿里有一個特別重要的能力,就是量產管理者。那麼,阿里是如何量產中基層管理者的呢?

具體落地到實操上,就是「腿部三板斧」的招聘開除、建設團隊、獲得成果及領導力修煉。這是一套被阿里驗證過的管理方法,實踐證明,這套方法接地氣、實用、有生命力。

需要特別說明的是,雖然阿里的「腿部三板斧」針對的是中基層管理者,但其實可以被所有的基、中、高層管理者所應用。因為阿里規模很大,而且經過多年的高速發展,其管理者的能力水準要高於全國平均水準。阿里的中基層管理者,可以類比中小企業的高層管理者。所以這套管理方法適用於所有的管理者。

立言不易,感慨良多。阿里不只是一家公司,它推進的是一種文明、一種理想、一種使命,讓天下沒有難做的生意,讓商業社會不再有欺詐、假貨,商人也不再是唯利是圖、爾虞我詐的代表,這是我們在阿里做的事情。

助力企業,成就人才,成就每一位管理者,這是我現在正在做的事情。

歷時良久，《阿里巴巴人才管理聖經》終於打磨出爐。在本書中，我將為大家詳細講解「管理三板斧」的核心精髓與底層邏輯，教大家如何做好招聘開除、建設團隊、獲得成果及領導力修煉。這是我在阿里積累下來的管理精華，是不掺半點水分的乾貨。希望透過本書能夠把自己摸索出來的方法論傳遞給大家，讓大家借鑑並有所收獲。

每一個管理新人或是在管理中對於怎麼帶團隊、怎麼招聘人、怎麼考核、怎麼獲得成果等問題有豐富經驗的管理者，都會在書中收獲直擊管理本質的價值點和方法論。

在本書中，你會獲得：

一套正宗的阿里管理者成長體系；

實戰性強、拿來就能用的方法論；

全面分析和拆解親身實踐的案例；

阿里「良將如雲」背後的真實故事。

阿里的工作經歷助我擁有更大的夢想，所以我選擇離開阿里，彙整在阿里積累的經驗，幫助那些正在追求夢想的企業和管理者，就是我現在最大的夢想。

阿里因為相信，所以看見。我想，這就是我們堅持不懈的最大前提。因為信任，縱然很苦、很累，我們依然很快樂。希望本書能夠給企業和管理者帶來新的管理視角，加速團隊成長，儘早實現夢想。

同時，我謹以此書獻給所有為阿里付出過青春、汗水與智慧的人。

PART I

「管理三板斧」背後的邏輯

Chapter 1

盛傳江湖的「管理三板斧」到底是什麼？

「阿里最強的不是產品，也不是營運，而是管理。」

——馬雲

/ 1.1 /
今天的阿里巴巴良將如雲，弓馬殷實

2018年阿里做了一次新的組織調整，根據2018年第三季度財報顯示，在阿里資深總監以上的核心管理人員中，「80後」占比14%；而在阿里的管理幹部和技術骨幹中，「80後」占比已經達到80%，比如支付寶工程師許寄，帶領近千人的技術團隊，打造了九個國家和地區的「當地版支付寶」，2018年6月入選《麻省理工科技評論》（*MIT Technology Review*）「TR35」榜單；而「90後」管理者已超過1,400人，占管理者總數的5%。

這就是為什麼馬雲在退休信中說今天的阿里巴巴已經是「良將如雲」、「弓馬殷實」的原因。

✿ 高管團隊良將如雲

馬雲說，阿里的「最高機密」是組織架構圖。

在近20年的時間裡，阿里的組織架構發生了四次重大變動。相應地，高管團隊也發生了巨大的變動。

第一次組織架構變動：「達摩五指」，一線高管團隊「五虎將」。

　　2006年底，阿里進行了第一次組織架構變動，阿里成為一個集團控股公司，下面成立了五個子公司，分別是：阿里巴巴、淘寶、支付寶、中國雅虎、阿里軟件。當時，阿里巴巴CEO衛哲、中國雅虎總裁曾鳴、淘寶總裁孫彤宇、支付寶總裁陸兆禧和阿里軟體總經理王濤被稱為阿里一線管理的「五虎將」。

　　第二次組織架構變動：七大事業群，一線高管團隊「獨孤七劍」。

　　2011年6月，馬雲將淘寶分拆為一淘網、淘寶網和淘寶商城（後改名為天貓）；2012年7月，馬雲又將聚劃算從淘寶獨立劃分出來，這樣，阿里擁有淘寶、一淘、天貓、聚劃算、阿里國際業務、阿里小企業業務和阿里雲七大事業群。

　　七大事業群的總裁分別為姜鵬、吳泳銘、張勇、張宇、吳敏芝、葉月和王堅，這七人被稱為阿里的「獨孤七劍」，他們是馬雲最倚重的「良將」，直接向馬雲匯報工作。

　　第三次組織架構變動：25個事業部，一線高管團隊「獨孤九劍」。

　　2013年1月，馬雲又將阿里集團上市板塊拆分為25個小事業部。一線高管團隊在「七劍」的基礎上，增加了張建鋒和陸兆禧，被阿里稱為「獨孤九劍」。

　　在支付寶板塊，馬雲將其拆分為共享平台事業群、國內事業群及國際業務事業群，與阿里金融合並為「阿里大金融」，由彭蕾擔任CEO。

　　第四次組織架構變動：為未來五到十年的發展奠定組織基礎和充實領導力量。

2018年11月26日，阿里CEO張勇發表內部信，宣布新一輪的重大組織調整，並稱其為「為未來五到十年的發展奠定組織基礎和充實領導力量」。

張勇將阿里事業群升級為阿里雲智能事業群，由首席技術官張建鋒（花名「行癲」）兼任阿里雲智能事業群總裁；同時成立新零售技術事業群，天貓將升級為大天貓，形成天貓事業群、天貓超市事業群、天貓進出口事業部三大板塊，分別由靖捷、李永和（別名「老鼎」）、劉鵬（別名「奧文」）任總裁；菜鳥網絡將成立超市物流團隊和天貓進出口物流團隊。

陳麗娟（花名「淺雪」）帶領的阿里人工智能實驗室將進入集團創新業務事業群；張憶芬（花名「趙敏」）出任阿里媽媽總裁；董本洪（花名「張無忌」）繼續擔任阿里首席市場官；樊路遠（花名「木華黎」）擔任阿里大文娛事業群新一屆的輪值總裁。

為何阿里的核心高管團隊一直在不斷地進化？

事實上，這正是馬雲為阿里定的願景——成為一家持續發展102年的企業。要成為這樣的企業，就必須確保業務不斷創新，而業務創新就需要核心決策團隊不斷疊代升級，跟上時代的發展。

一家企業能夠培養出一支穩定的核心高管團隊已屬不易，而阿里不僅培養出了一大批傑出的高管團隊，更令人讚嘆的是，其高管團隊還能保持源源不斷的新生力量。

這就是阿里如今「良將如雲」的高管團隊。這樣一支鐵血團隊，是阿里實現持續發展102年願景的關鍵。

⚙ 離職員工人才輩出

阿里的「良將如雲」除了如今在職的團隊，離職的人也稱得上是「良將如雲」。

從阿里離職的人，有許多是如今中國知名網路公司創辦人或董事長。比如滴滴出行的投資人王剛和創辦人程維，美團的干嘉偉，趕集網的陳國環，去哪兒網的張強……，他們都是從阿里出來的「良將」。

十年前，馬雲希望阿里能夠培養出大量人才。如今，在中國500強的企業裡有超過200家企業的高管都是從阿里出來的。說這些力量掌控著網路行業的半壁江山也不為過。

阿里培養了如此多的人才，而且這些人才正在源源不斷地從阿里走出去，都說「鐵打的營盤，流水的兵」，阿里是名副其實的「軍營」。

對於從阿里離職出去創業的人，阿里一直抱持著開放、寬容的態度。馬雲說阿里是一家幫助創業者創業的企業。進阿里難，出阿里容易，進阿里要經過七到八次面試，但離開阿里很容易，阿里鼓勵任何人創業，這也證明了阿里這個組織的活力和強大。

⚙ 管理三板斧」讓阿里「弓馬殷實」

不管是如今阿里在職的「良將」，還是已經離開阿里去創業的「良將」〔比如從櫃檯做到掌管著千億市值的菜鳥集團總裁童文紅，從一名普通銷售員做到阿里集團合夥人的方永新

（花名「方大炮」），原支付寶董事長彭蕾、阿里首席人才官蔣芳、B2B事業群總裁戴珊等等），身上都有一個共同點，那就是他們都是從「草根」做起，一步步成長起來的。

這些人為何能成長呢？

我認為，他們都是在阿里完善的管理者培養體系下成長起來的，也就是本書將介紹的重點──「管理三板斧」。

「管理三板斧」真正滿足了馬雲的要求。在阿里十年的時間裡，培養了大批的管理者，成就了很多人，效果極其顯著。所以，我認為「管理三板斧」就是馬雲口中的「弓馬殷實」。

彼得・杜拉克（Peter Drucker）說過：「管理者不同於技術和資本，不可能依賴進口，管理者只能培養。」

阿里的「管理三板斧」成就了很多人。在阿里，我們常說「是人才才能去做管理，而不是因為做了管理才能成為人才」。關於這一點，我深有體會。我之所以在阿里成長，歸根究柢就是因為我是一名管理者。管理職位對一個人的磨礪，尤其在胸懷、格局、事業方面是非常難得的，所以我非常感謝阿里，感謝阿里的管理者培養體系。

我想用一句杜拉克先生的話和大家共勉：

「管理是一種實踐，其本質不在於知，而在於行，其驗證不在於邏輯，而在於成果，其唯一的權威就是成就。」

管理者練習

請管理者思考一下，你做管理者這麼久，帶出了幾個可以被稱為「良將」的人？

/ 1.2 /
「管理三板斧」的由來

⚫ 「管理三板斧」的背景

說起「管理三板斧」，首先要從它的背景說起。

時間回到1999年，在當時阿里的團隊裡，沒有人在管理方法上有所建樹。關明生（原阿里總裁兼COO）雖然有豐富的管理經驗，卻不知道如何傳道授業解惑。好在馬雲是一個擅於講故事的天才，他經常給團隊成員講這樣一個故事：

> 元朝是中國歷史上首個由少數民族（蒙古族）建立的大一統王朝。讓人感到神奇的是，元朝並無很厲害的將帥，比如關羽、張飛、呂布這樣的猛將，更沒有岳飛這樣的民族英雄，也沒有有名的兵書。那麼，為什麼蒙古族能建立元朝，擁有這麼遼闊的土地呢？

看完元的結構你會發現，元朝的厲害在於「十夫長」（較低級軍職，通常率領十人左右的小隊，等同於班長）、「百夫長」（統率百人的軍帥）這樣的軍階管理制度。他們相當於元朝的基層管理者，每天和士兵吃在一起、住在

一起、玩在一起。打仗的時候，這種相互的照應支持、信任，使得軍隊戰無不勝、攻無不克。這就是蒙古軍隊的核心所在。

受這個故事的啟發，阿里深度學習了蒙古軍隊的管理模式。阿里的強悍（尤其是「中供鐵軍」）就強在中基層管理者，它為後期阿里開疆闢土奠定了堅實的基礎。這也是「管理三板斧」產生的背景。

❂「管理三板斧」的前世今生

在「管理三板斧」誕生之前，阿里的管理者培訓是從2000年年底開始的。最早的管理者培訓是阿里與外面的培訓機構合作開發，比如AMDP（Alibaba Management Development Program）。當時馬雲、關明生、彭蕾等人，都要給管理者上課。

經過一年多的課程學習、優化和疊代，阿里又開發了一些新的課程，比如ALDP（Alibaba Leadership Development Program），不同的課程體系有不同的命名，比如「俠客行」、「賽金花」、「飛雁班」等等。

透過對管理者的培養，以及阿里對內部管理意識和管理理論的不斷提升，2002年阿里逐漸搭建起針對三層管理者的培養體系，並且被一直應用到2006年。現在看來，這套培養體系看似「粗淺」，卻讓阿里的管理水準得到了明顯的提升，促進了阿里的業務和團隊快速發展。

2007年正是電子商務的風口，阿里為了抓住這一風口，

創建了很多新的業務和團隊，比如淘寶、支付寶等等。這時，原來的管理者培養體系已經不能支撐新的業務和團隊，於是阿里對領導力進行了系統的優化。這一年，阿里針對高層管理者的選、育、用、留等問題，成立了專門培養高層管理者的「湖畔學院」（見下頁圖1-1）。

2009年，阿里快速從2萬人發展到近1萬人，人員的快速增加對組織最大的挑戰是缺乏管理者。於是，如何培養大量的管理者就成了關乎阿里發展的關鍵問題。為此，阿里從外面引進了大量的課程，但馬雲基本都不滿意。

2010年5月是阿里的「人才盤點」時間。馬雲說過，阿里一年裡有兩件非常重要的事情是他一定要參與的，一是4至5月的「人才盤點」；二是10至11月的「戰略盤點」。這一年的「人才盤點」特別辛苦，馬雲和高層管理者閉關了好幾天，先後聽取了各子公司、板塊負責人的匯報，發現了很多問題。尤其是中基層管理者，也就是馬雲眼中的「腰部」和「腿部」管理者，問題較為明顯。

「人才盤點」完成後，馬雲馬上召開了組織部（包含資深總監及以上集團高層管理者）大會。在會上，馬雲嚴肅而明確地提出了對各層管理者的能力要求，並對阿里管理者培養體系說出了自己的要求——「管理者培養」課程要極其簡潔、高效。說到這裡，他舉了「程咬金三板斧」的例子。

程咬金遇到一位貴人，只學了三招，但簡單實用，威力無比。

他要求阿里的管理者培養體系應該要像程咬金的三板斧一樣，簡單三招，反覆訓練，反覆應用。無論是什麼層級的

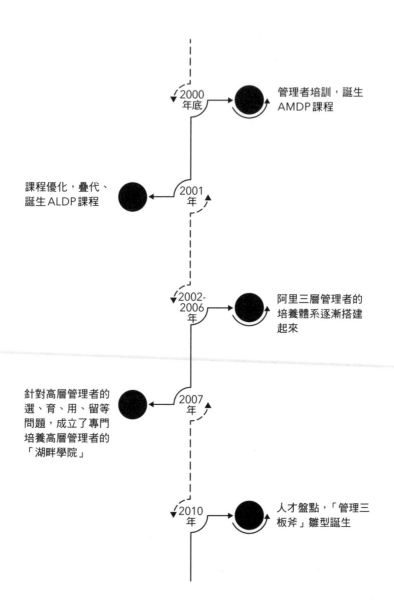

圖 1-1 阿里「管理三板斧」的前世今生

管理者，只要掌握三招，就能「一招制敵」。特別是對於中基層管理者，不要有太多的理論，只要學會核心的幾招就能帶出「鐵血團隊」。

在這種背景下，阿里的培訓部把管理者能用到的核心能力進行分解，分解之後再結構化，開發了一整套管理者的培養體系。

2010年，「管理三板斧」的雛形在阿里誕生。

管理者練習

思考一下，你的公司內部是否有具體的管理者培養體制？

/1.3/
何為「管理三板斧」

外界關於「管理三板斧」的報導有很多，什麼說法都有。到底什麼是「管理三板斧」？只有真正體驗過的人最懂。

很多人都認為「管理三板斧」是具體的某三招，其實不然。在我看來，它是一種結構化的思維方式。馬雲說的「三招」，其實說的是進行有效管理的三個核心環節或動作。

「人才盤點」之後，阿里各個事業部開始對馬雲的管理理念和思想進行提煉和融合，一開始是「中供鐵軍」衍生出自己的「三板斧」，後來支付寶衍生出「支付寶三板斧」，淘寶衍生出「淘寶三板斧」，還有「湖畔三板斧」、「阿里制度三板斧」等等。「三板斧」被衍生得各不相同。

「阿里管理三板斧」其實在阿里也被稱為「九板斧」。「九板斧」分為頭部、腰部和腿部，分別對高級、中級和初級管理者進行經理技能、管理者發展和領導力三個層次的管理培訓（見圖1-2）。

在早期的「阿里管理九板斧」裡，腿部力量（基層管理三板斧）分為招聘開除、建設團隊、獲得成果；腰部力量（中層管理三板斧）分為揪頭髮、照鏡子、聞味道；頭部力量（高層管理三板斧）分為戰略、文化、組織能力。

後期，隨著「九板斧」的不斷疊代和衍生，腰部力量的「三板斧」開始偏向於領導力的修煉，演變成懂戰略、搭班子、做導演，聚焦在「術」的層面；頭部力量的「三板斧」演變成定戰略、造土壤、斷事用人，同樣聚焦在「術」的層面。

下面，我將結合早期的「阿里管理九板斧」的「腿部力量」和「腰部力量」，加上後面疊代的「九板斧」的「頭部力量」具體介紹每個管理層級的「三板斧」。為何要兩者相結合呢？這是因為我在為企業中基層管理者做培訓時，透過實踐發現，只有兩者結合，才能真正把「中基層管理三板斧」落地。

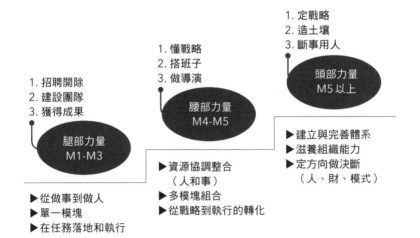

圖 1-2 阿里 Leader 修煉之路——九板斧

🌀 基層管理三板斧

　　「基層管理三板斧」，也就是「腿部三板斧」，這也是馬雲針對基層管理者率先提出的三個管理技能。

　　「基層管理三板斧」為招聘開除、建設團隊、獲得成果。

　　「基層管理三板斧」是本書的主要內容，「中高層管理三板斧」我將在之後出版的書中陸續呈現。在這裡，我主要向大家分享一下「基層管理三板斧」的具體疊代、優化過程，因為這是決定「三招」是否能有效地培養出中基層管理者的參考依據。

　　當「基層管理三板斧」的三項管理技能確定後，為了證明這一管理技能的有效性，阿里湖畔學院開始進行課程開發（湖畔學院與湖畔大學是兩個不同的組織，湖畔學院是阿里內部管理者培養與發展的部門；湖畔大學是馬雲和國內一些知名企業家朋友合辦的一個提升企業家領導力的機構）。在孫鑒、曉佳、陸凱薇、王民明、萬菁老師的指導下，「基層管理三板斧」被設計成一套四天三晚的體驗式課程。

　　當時彭蕾剛接手支付寶，所以這一課程首先在支付寶進行了小規模試驗。比如「招聘開除」，邀請了阿里集團有豐富管理經驗的管理層進行授課，對管理者進行招聘演練。連上了幾節課後，學員回饋一般。為什麼呢？

　　原來阿里的管理者跟我一樣，大多是「草根」出身，沒有學習過系統的管理理論或擁有豐富的管理經驗，對一些傳統的、只講理論的培訓方式比較排斥。那麼，如何解決傳統培訓過程中產生的難題呢？

擅於創新的阿里人在不斷總結、探討、提煉後，終於找到了一個很好的方法來突破這一瓶頸——模擬演練。

於是，在接下來的培訓課程裡，比如「獲得成果」，老師會提煉出具體的使用場景，如定目標、績效評估和績效溝通、對結果的獎賞和激勵。

這時恰逢支付寶事業部準備開始設計上半年目標，於是彭蕾就把管理者組織起來，讓每個人把自己制定的目標寫出來，讓老師來分析目標設定是否合理，以及如何把目標分解給團隊的成員等等。經過一天一夜的培訓，所有管理者都學會了如何制定目標。

受這次培訓的啟發，阿里開始對管理者的培養方式進行大膽變革。管理者內訓與實際業務掛鉤，把業務場景濃縮在四天之內，透過「以戰養兵」的方式培訓管理者。

這一培養方式得到推廣後，學員回饋很不錯，基層管理者的管理能力得到了很大提升，尤其是在心力、腦力、體力方面的提升特別明顯。直到現在，我還記得我當時上完課後的直觀感受。當時作為基層管理者的我，以往每次團隊遇到問題，我總認為是團隊成員的問題。在學習了「基層管理三板斧」後，我才意識到自己不是一個優秀的管理者，所有團隊的問題都出在自己身上。**沒有管理不好的人，只有不會管理的人。**

當然，「基層管理三板斧」作為阿里最重要的培養體系之一，不管是在人力還是物力上，投入都是巨大的。無論是講師還是嘉賓，都是豪華陣容，由集團組織部的高管出任，比如彭蕾、王民明、王剛等人。

「基層管理三板斧」為阿里培養了一大批中流砥柱，即使後來這些管理者離開了阿里，也依然會用「管理三板斧」的方式來培養公司的管理者。比如在我的公司，我是完全按照「管理三板斧」的方式來培養管理者的，也確實帶出了很多優秀的管理者。我的合夥人龔梓是一個「90後」，在進入公司後的短短幾個月裡迅速成長起來，從擔任我的教學軟體助手開始，到成為我的合夥人，為公司的發展付出了心血和汗水。

再比如，滴滴出行的創辦人程維，在離開阿里創辦滴滴出行後，在公司以「管理三板斧」為原型開發了培養管理者的內訓課程，也得到了很好的效果。

🌀 中層管理三板斧

「中層管理三板斧」，也就是「腰部三板斧」。腰部在人的身體中起著承上啟下的作用，「中層管理三板斧」也起著同樣的作用。而中層管理者也是最容易出現問題的層級，比如「屁股決定腦袋」的本位主義、「撿了芝麻丟了西瓜」的急功近利、短期目標與長期目標的不平衡、「山頭林立，各自為戰」的圈子利益、大團隊的戰略與小團隊的發展難以取捨等問題。

「中層管理三板斧」致力於塑造一個內心強大、使命驅動的優秀中層管理者，透過組織和平台的力量，打造企業管理團隊的梯度成長和發展的基礎，並在管理者成長過程中，真正促進整個組織的成長。

「**中層管理三板斧**」為揪頭髮、照鏡子、聞味道（見圖 1-3）。

揪頭髮　　　　　照鏡子　　　　　聞味道

圖 1-3 中層管理三板斧

「揪頭髮」修煉的是管理者的眼界；「照鏡子」修煉的是管理者的胸懷；「聞味道」修煉的是管理者的心力。這三項管理技巧在阿里被稱為「管理者的修煉」。

「揪頭髮」是培養管理者向上思考、全面思考和系統思考的能力，杜絕「屁股決定腦袋」和「小團隊」現象，要上一個臺階看問題，從更大的範圍和更長的時間來考慮組織中出現的問題。比如當兩個部門之間發生了矛盾，作為中層管理者，你要站在上級的角度看問題。為此，阿里設置了一個標準：逐級分配任務，跨級了解情況。用阿里的「土話」來描述就是：**和你的下屬談工作，和你的下屬的下屬談生活。**

「照鏡子」是一種自省行為，所謂「以人為鏡，可以明得失」，中層管理者要時常「照鏡子」來完善自我。「照鏡子」有「三照」：

做自己的鏡子——找到內心強大的自己，感受強大的自我，在痛苦中堅持自己，成就別人。

做別人的鏡子——中層管理者要成為下屬的「鏡子」，在合適的時候給下屬積極回饋，要主動創造條件，幫助下屬成長和發展。

　　以別人為鏡子——中層管理者要以下屬和上級為「鏡子」，從不同的「鏡子」中發現自己、認知自己，從而完善自我，成就團隊組織。

　　「聞味道」的提出源於馬雲。馬雲有一個習慣，喜歡到各個事業部中的各個團隊去打轉，看看大家的工作狀態如何，比如這個團隊為什麼死氣沉沉的，那個團隊為什麼沒有凝聚力，另一個團隊在哪些地方是有「阿里味兒」的，馬雲把這一過程用「土話」表示為「聞味道」。「聞味道」考驗的是管理者的判斷力和敏感力，修煉的是心力。

　　任何一個團隊的氛圍，其實就是管理者「自我味道」的體現與放大，一個管理者的「味道」，就是一個團隊的空氣，無形無影但無時無刻不在影響著每個人思考和做事的方式，尤其影響團隊內部的協作以及跨團隊之間的協作。

　　作為一個優秀的中高層管理者，一定要有的味道是：簡單信任。味道是管理者自然散發的，刻意的散發反而形神不符。

　　管理者要有能力去把握和識別團隊的「味道」，透過觀察員工的情緒、工作氛圍，找到正面或負面的訊息，及早防微杜漸。「聞味道」一定要聞到事件的背後，聞到人的內心。在阿里，我們相信一個團隊的「味道」是慢慢「燉」出來的。

❂ 高層管理三板斧

「高層管理三板斧」，也就是「頭部三板斧」，修煉的是管理者的領導力。

「高層管理三板斧」為定戰略、造土壤（文化）、斷事用人（組織能力）。

戰略是一家企業的未來和方向，「定戰略」就是要求高層管理者設計出適合企業發展和市場需求的產品。在阿里，有這樣的一個公式（見圖1-4）：

圖 1-4 公式

通俗地說，如果做到嚴格執行正確的戰略，企業就成功了。這個公式看起來簡單，但要做到卻不容易。在阿里，我們都相信「好戰略是熬出來的」。

「造土壤」是指孕育企業文化。在阿里，企業文化是貫穿所有管理理論的核心，它占的比重非常大。俗話說「有道無術尚可術，有術無道止於術」，無論是什麼樣的企業頂層文化設計，都離不開員工關懷。阿里的價值觀有誠信、敬業、激情，表面看起來不像是一個公司的價值觀，而像是做

人的標準。

「斷事用人」說的是組織能力，這是高層管理者最核心的管理能力。如今企業的員工以「80後」與「90後」為主，要管理好這些年輕的員工（尤其是倡導「成就感」的「90後」員工）是每個企業最大的難題。對於這一點，華為公司的資深顧問田濤說：「**管理『90後』員工要做到『蓬生麻中，不扶自直』。**」意思是說要多給「90後」員工強調這份工作的價值，當然前提也要讓員工賺到錢。若員工連溫飽都解決不了，你跟他們談價值、聊夢想無異於癡人說夢。管理就是要不斷地激發人的責任、價值、成就，最終實現自我管理，對「90後」員工尤其如此。如今的企業要發三份薪水：第一份薪水是財務薪水；第二份薪水是能力薪水；第三份薪水是價值薪水。

在阿里，組織能力是一個「三角框架」：一個團隊的思維模式包括員工是否發自內心地願意做，員工會不會做，團隊容不容許他做（見圖1-5）。

「高層管理三板斧」又可以拆分為「道、謀、斷、人、陣、信」。在圖1-6中，上面是道，包括願景、使命、價值觀；中間是謀、斷，即戰略、戰術；下面是人、陣、信，也就是組織能力。

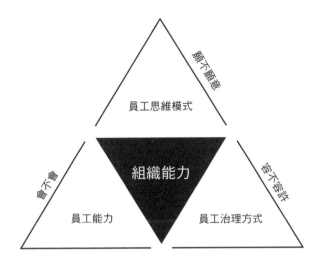

圖1-5 組織能力的三角框架

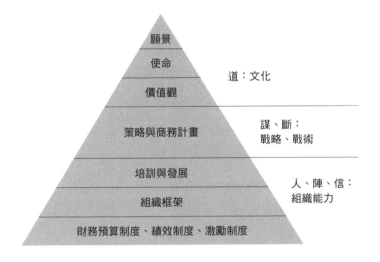

圖1-6 高層管理三板斧

⚙ 三板斧精髓：做事情、培養人、獲得成果

上面是「管理三板斧」的基礎內容，我認為「管理三板斧」的精髓就在於藉由這些管理技能的修煉，打通人和事之間的「任督二脈」，最終達到做事情、培養人、獲得成果的目的。

頭部管理者要修煉「斷事用人」的眼光，用對「腰部」或「腿部」管理者，是打通「要害」的第一步；「腰部」管理者要把團隊建立起來，把人和事打通；「腿部」管理者要重點關注招聘開除，打通人和事。打通人和事後，一個團隊才具備獲得成果的能力，才能真正建立起符合團隊的文化。當團隊文化建立起來以後，人和事才能合一。

這個過程被阿里總結為一句話：一張圖、一場仗、一顆心。頭部管理者要設計出明確的團隊戰略大圖，中層管理者要讓團隊成員在這張圖上找到自己的定位，基層管理者要讓團隊成員凝聚成一顆心。唯有如此，才能達到一群有情有義的人共同做一件有意義之事的目的。

以上就是「管理三板斧」或是「九板斧」的內容，正是這些高度概括的管理技巧，讓阿里擁有一支鐵軍，從而成為一家具有強大生命力的企業。

「阿里管理三板斧」是結構化思維，阿里有自己的「三板斧」，滴滴有自己的「三板斧」，美團有自己的「三板斧」，每個企業都應該有自己的「三板斧」。「阿里管理三板斧」雖然為阿里、為網路行業培養了諸多優秀的管理者，但到目前為止，還沒有一種管理體系適用於所有的企業（包

阿里巴巴人才管理聖經

括其他行業，比如製造、科技等等）。所以，企業可以利用「阿里管理三板斧」的模式去思考自己的「三板斧」，找到適合自己企業的管理者成長體系。

管理者練習

閉上眼睛思考一下「管理三板斧」，你能畫出心智圖嗎？

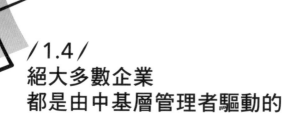

看到這個標題，你可能會反問：企業真的是由中基層管理者驅動的嗎？

之前的我，和你有一樣的疑問。但我在經歷阿里的管理培訓、成長以及創業的修煉之後，改弦易轍。我認為：企業的核心是人推動的，而人的核心就是中基層管理者。

試想一下，企業中有幾類人呢？

從企業組織結構上講，一般企業的組織可以分成三個管理層次，即決策層（高管）、執行層（中基層管理者）和操作層（員工）。組織的層次劃分通常呈現為金字塔式，即決策層的高層管理者少，執行層的中基層管理者多一些，操作層的員工更多（見圖1-7）。

一般而言，高層管理者花在組織和控制工作上的時間要比中基層管理者多，而中基層管理者花在團隊管理工作上的時間要比高層管理者多。

如果把高層管理者比作球場上的教練，那麼中基層管理者就可以比作隊長——不但要在場上指揮隊友共同進攻，更要身先士卒。中基層管理者是企業不容忽視的中堅力量，既

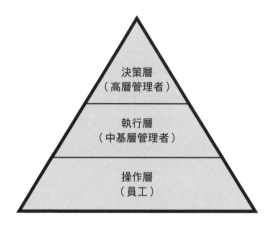

圖 1-7 企業組織層次劃分金字塔

是企業發展的基礎，又是企業人才的後備軍。無數優秀的領導者，都是從中基層選拔出來的。

◑ 中基層管理者四大力量

作為中間層的中基層管理者是企業的中堅力量，承擔著企業決策、戰略執行及基層管理與決策層之間溝通的作用。他們的工作既承上啟下，又獨當一面。中基層管理者在企業中的力量，具體體現在以下「四jian」：

「一jian」是中基層管理者是中「間」力量。中基層管理者所處的位置承上啟下，上有領導者、高層，下有普通員工，中基層管理者如同一塊「夾心餅乾」，既需要領會領導者的意思，又需要安撫好員工的心，中基層管理者需要面對雙向挑戰。比如，當領導者安排一項任務時，往往不

會說得很通透，只說一個大概的方向或一個關鍵點，剩下的就需要中基層管理者自己去揣摩。中基層管理者能不能正確領悟到領導者的意思，能不能正確地由點及面將工作開展起來，這就要看中基層管理者個人的悟性了。這對於中基層管理者而言，無疑是一個很大的考驗。在弄明白領導者的意思後，中基層管理者還需要向下屬傳達清楚，不能只說一個大概意思。

「二jian」是中基層管理者是中「艱」力量。中基層管理者所處的位置不上不下，如果做得不好，很有可能變為普通員工；如果做得出色，則會有更加艱難的事項需要克服。

「三jian」是中基層管理者是中「煎」力量。中基層管理者不但需要上傳下達各種訊息，還要能夠忍受來自於四面八方的壓力。所以，中基層管理者的工作也是備受煎熬的。

「四jian」是中基層管理者是中「堅」力量。對於普通員工而言，中基層管理者就是距離他們最近的標竿與榜樣，中基層管理者的一言一行都能影響普通員工的工作積極性。而對於領導者而言，中基層管理者必須是有力的臂膀。因此，中基層管理者不僅要有超強的工作能力、超高的思想素養，還要有超棒的身體、超強大的內心。

管理諮詢公司麥肯錫（McKinsey & Company）曾經做過一項關於企業管理者重要性的調查，調查結果表明：公司能夠達到高績效，獲得長遠發展，其關鍵不在於高層管理者，而是在於中基層管理者。

由此可見，中基層管理者在企業中的作用不容小覷。中基層管理者作為距離普通員工最近的人，他們的素質高低直

接影響著普通員工的職業行為，甚至對於企業的長遠發展都有巨大的影響。

◐ 阿里批量生產中基層管理者

阿里是一個非常重視中基層管理者的公司。從1999年創業到今天，一個只有18人的小公司到今天擁有5000億元＊市值的「經濟體」，阿里只用了19年的時間，可以說是飛速，甚至光速發展。那麼大家可以思考一下，阿里為什麼如此強悍呢？

有人說是因為跟對了趨勢，正好趕上網際網路浪潮；有人說是因為馬雲的高瞻遠矚和他的合夥人們超級厲害，像蔡崇信、曾鳴、關明生、衛哲、張勇等等；還有人說是因為阿里的文化體系、營運體系、政委體系、組織體系所向披靡，成為很多企業競相效仿的對象……

這些答案都是對的。但是最關鍵的因素正如本書開頭所言，是阿里人，尤其是阿里的中基層管理者。阿里的強悍，強在它的中基層管理者。從管理之道到管理力都極其強悍，它為阿里的開疆闢土奠定了堅實的基礎（見下頁圖1-8）。馬雲多次在公開場合對阿里中基層管理者的重要性給予肯定。

阿里的中基層管理者屬於「腰部管理者」，阿里把中基層管理者比喻成企業的腰，因為腰挺直了，頭才能靈活。在阿里，「腰部管理者」是指M4總監到M5資深總監，已經有一定的管理經驗，要求管理者有從帶一個小團隊到帶多個團隊、從執行到資源整合協調的經驗和能力。

＊　以下幣值若未特別標注，皆為人民幣。

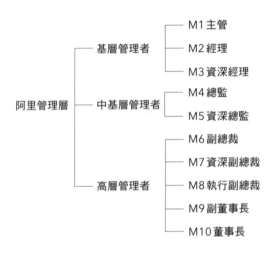

圖1-8阿里管理層結構圖

　　怎樣才算是好的中基層管理者？阿里對於中基層管理者有著明確的選拔機制，並給出了中基層管理者的能力模型：快速應變、疊代創新、群策群力、協作共贏、把握關鍵（見圖1-9）。

　　馬雲說阿里必須花很大的精力培養公司的中基層管理者，他曾做過一次分享：

　　「每個人有每個人的強項，我覺得馬化騰是一個工程師，李彥宏是很好的技術人員，剛好這兩個我都不懂，我只對人感興趣。人數若是五、六個你可以自己管，超過500個、5000個，就要靠組織、靠文化，你不

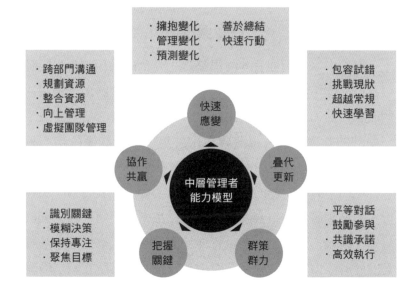

圖1-9 阿里的中基層管理者能力模型

能靠自己。我剛才在車上跟李彥宏說，如果要把技術再往前推進一步，百度比我做得好；如果這個公司一下再增加200個產品，騰訊比我做得好；但是如果每家公司增加2萬人，它們沒有我們做得好。」

為什麼馬雲能有這樣的自信？因為阿里有一個特別重要的能力，就是量產管理者的能力。那麼，阿里是如何量產中基層管理者的呢？

① 賦能之術：
外招內養相結合，同時側重於內部培養

對於中基層管理者，阿里堅持「外招內養相結合，同時側重於內部培養」的策略。對中基層管理者，阿里更強調他們的執行能力。因此，阿里針對中基層管理者的培養開發了一系列的基礎課程。這些課程由阿里內部培訓團隊精心打造，其中大部分內容由阿里高層管理者授課。

比如，對於一線的管理者，阿里開發了一套名為「俠客行」的培訓課程。這套課程的主要特色就是透過「課上案例演練＋課後作業練習＋課後管理沙龍」的模式來提升中基層管理者的能力，幫助中基層管理者快速明白其所在職位的職責；並藉由多場景模擬演練，幫助中基層管理者快速適應不同的環境場景，能夠對所學的方法與技能靈活運用。

同時，阿里研發了管理者進階課程以及「管理者能力圖譜」，激勵中基層管理者在做好自己的本職工作之後，努力向上攀登。課後的管理沙龍模塊，主要是為了促進阿里的新晉中基層管理者能夠加強與阿里的資深管理者和同期管理者之間的溝通與交流。因此，課後的管理沙龍也被稱為「良師益友」的管理。

除了理論課程之外，中基層管理者還要學習阿里的實操性課程。比如，阿里會採用手工坊的形式，創建能夠促進團隊戰略統一的共創會，以及能夠幫助中基層管理者深度分析與全面把控團隊現狀的六個盒子（見圖 1-10）。除此以外，阿里也會組織中基層管理者對社會熱門時事與文化融合等問題展開深度討論。

上文中提到的六個盒子也被稱為韋斯伯德的六盒模型（Weisbord's Six-Box Model），六個盒子是企業內部不斷自我反省與革新的有力模式。

正如在阿里流傳甚廣的一句話，「不管業務和組織架構怎麼變，六個盒子跑一遍」。在六個盒子的指導下，中基層管理者能夠快速地認清現狀，開啟未來。六個盒子如同連接起現在與未來的橋梁，幫助中基層管理者全面認識自我，快速熟悉業務團隊的框架結構，明白自己在阿里團隊中所處的位置和應該履行的職責。

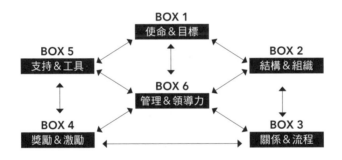

圖 1-10 阿里巴巴組織診斷工具──六個盒子

而共創會是阿里為中基層管理者搭建的一個專門交流與探討的區域。當中基層管理者面對不懂的業務場景時，可以採用會議的形式和其他的管理人員一起分享討論，最終得出答案。在這個區域中，中基層管理者可以自由地討論個人未來的職業成長、團隊未來的發展方向等問題。

中基層管理者在明確方向後，還要透過「通混晒」[*]來確保目標能夠清楚地傳遞到各個層面，以保證所有人能夠圍繞目標高效協作。共創會和「通混晒」是阿里中基層必須參與的活動。

除此以外，阿里的中基層管理者還要加入阿里的專屬學習平台。這個平台是為了提升阿里人的整體素質而打造的。在這裡，阿里的中基層管理者可以報名參加阿里的線下培訓課程，來提升自己的管理能力。透過影片和書籍學習過去的成功經驗，為自己以後的工作做好積累，還可以建立學習計畫鼓勵自己不斷學習。

② 修煉之術：
「腿部三板斧」和「腰部三板斧」

修煉之術指的就是前文提到的「腿部管理者」的「招聘開除、建設團隊、獲得成果」以及「腰部管理者」的「揪頭髮、照鏡子、聞味道」。阿里「管理三板斧」，主要是藉由組織和平台來構建企業管理團隊的梯度成長和發展根本，意在打造一個具有強大內心、以人為本、使命驅動的優秀中基層管理者團隊，並且在促進管理者完善自身的同時，實實在在地促進整個團隊進步。

---

[*]「通」指的是目標和要求能通達各層級，「混」指的是團隊成員培養出感情，「晒」指的是讓成果展現出來。

③ 輔導之術：
我說你聽，我做你看；你說我聽，你做我看

阿里重視高層接班人的培養，針對各職位的中基層管理者進行人才培養，從馬雲到各級主管的接班人均有培養方案。因此，阿里的優秀人才儲備一直源源不斷，隊伍愈來愈壯大。高速發展中的阿里減少了人才缺失的風險，各級職位都有儲備人才培訓，在原管理者離職的情況下，也能第一時間填補上新的管理者，讓工作能立即走上正軌。

阿里培訓新管理者的方法是「我說你聽，我做你看；你說我聽，你做我看」。這個方法很好理解，就是我把怎麼做說給你聽，我把怎麼做做給你看；你把怎麼做說給我聽，你把怎麼做做給我看。

④ 管理之術：
向下看兩級，向上看兩級

在中基層管理者中很容易出現的問題有：本位主義，即在處理關係時只顧自己，不顧整體利益；急功近利，不能平衡好短期利益與長期目標的關係；各自為戰的圈子利益以及大團隊戰略與小團隊發展的抉擇不匹配。

優秀的中基層管理者起碼要做到眼界開闊、胸懷寬廣。

在阿里，為了開闊中基層管理者的眼界及格局，「向下看兩級」和「向上看兩級」的方法在管理上尤為有效。

「向下看兩級」指的是中基層管理者要看直接下屬和再往下一級的下屬，讓自己的決策能夠清晰地傳遞到兩級下屬那裡，減少重點業務訊息在傳達過程中的流失。這種方法能

夠讓中基層管理者更好地理解決策，解決執行過程中的溝通問題。

「向上看兩級」指的是中基層管理者的眼界要開闊，讓自己處於比自己職位高兩級的位置上思考問題。比如，你是經理，那麼就可以把自己的思維層面放在總裁的位置上，上級所擁有的參與支持和資源支持，就是最重要的資源。優秀的中基層管理者並不會對員工指手畫腳，而是要在員工需要幫助的時候提供有力的支持，雪中送炭。阿里以賦能、引導、教練的方式，幫助中基層管理者快速成長。比如，我十幾年前只是「草根」，加入阿里後，在阿里完善的管理者培養體系中成長。

阿里成就了一大批像我一樣的中基層管理者。我們就像阿里的「十夫長」、「百夫長」，每人管理十幾個員工，每天與團隊夥伴工作在一起、團建*在一起，彼此之間非常熟悉。為了共同的目標，相互協作、彼此照應，結果是目標必達。這就是阿里強悍的原因。

所以，**中基層管理者是驅動企業持續向前發展的核心主力**。說到這裡，一些中小企業、創業企業的管理者可能會質疑：阿里是大企業，那中小企業、創業企業也是這樣嗎？

我的企業如今是做企業管理培訓與諮詢的，作為創辦人，我有幸深入眾多處於成長期的中小企業，看到了它們在用人上面臨的真實問題。我認為，它們不缺高管，更不缺員工，它們缺的是中基層的主管和經理。很多中小企業為了解

---

* 團隊建設（team building）的簡稱，意指公司為促進員工感情與凝聚團隊士氣而舉辦的活動。

決這個問題，採用「空降」的方式，結果大多數人因「水土不服」而離開；還有的企業想培養擁有自己企業文化屬性的中基層管理者，但不知道如何培養。這就是中國4300萬中小企業面臨的、迫切需要解決的真實難題。

因此，不管是像阿里這樣的大企業，抑或是中小企業、創業企業，推動其向前發展的不懈動力都是大量的中基層管理者。如果沒有這些人，那將會對組織的發展造成最大的制約。

到這裡還沒有結束，我們應該想一下如何解決這個問題。先拋出我的觀點：**中基層管理者最好不要「空降」，而要自己培養，沒有其他捷徑。**如果你也認知到這一點，你會發現：今天你缺少人才，不是由今天決定的，而是三年前決定的，是因為三年前你沒有培養人才。同樣地，三年後你缺少人才，是由今天決定的。現在，如果你還不重視人才的培養，特別是對中基層管理者的培養，三年後你會發現，你仍然缺少人才。

如何培養中基層管理者，就是本書的主要內容，這些都是企業可以拿來立即使用的落地方法，希望你一年後能培養出優秀的中基層管理者。

管理者練習

你的企業是否重視中基層管理者？是否有好的培養機制？

「管理三板斧」
助你快速解決企業管理難題

　　企業管理中經常會出現一些令管理者頭疼的問題，正確理解這些問題才會讓企業的發展更進一步。那麼，管理者應如何透過現象看本質？企業管理中有哪些共同的難點和痛點？

◆ 企業管理四大難題

　　下面是我在為企業培訓的過程中總結出來的企業管理四大難題：

① 外面的人招不來，招來的人用不了，培育好的人留不住

　　正所謂「眾人拾柴火焰高」，一個企業要想發展壯大，光靠領導者一人難於上青天，還需要團隊成員同心協力，方能其利斷金。因此，優秀的團隊是企業發展的第一生產力，沒有這些人才的共同努力，就沒有企業的長遠發展。這是經得起時間檢驗的真理。

　　中國正在逐步進入老齡化社會，人口福利時代即將結

束，這給企業招聘人才帶來了極大的困難。據調查顯示，愈年輕的群體，其在職時間也就愈短。目前，七個月是「95後」的平均在職時間，有一部分人甚至覺得換工作如同換衣服，不喜歡就離職。因此網上還流傳出了各個年齡階段對待離職的看法：

> 60後：什麼是離職？
>
> 70後：為什麼要離職？
>
> 80後：薪水不高、沒發展空間就離職。
>
> 90後：感覺不爽就離職。
>
> 95後：老闆不聽話我就離職。

隨著時代的發展，愈來愈多的年輕人提倡追求個性，就連對待工作的態度也不例外，這使企業不僅面臨著招聘困難的問題，還面臨著管理方式亟待更新的挑戰。對於企業來說，招聘成本與管理成本正在逐年增加，這就要求管理者要招對人，只有這樣才能在最大程度上節省招聘的成本。招對人，可以說是絕大部分管理者最頭痛的問題——外面的人招不來，招來的人用不了，培育好的人留不住。

外面的人招不來。許多大企業，如阿里、華為等因為有品牌背書、待遇佳，求職者都會「削尖了腦袋往裡擠」，所以招人一般不難，只是苦於招不到合適的人。而中、小、微企業沒有大企業那樣雄厚的資本力量，經常會出現缺人的情況。那麼，中、小、微企業應該怎樣做才能招到人才呢？這是本書第三至五章主要探討的問題。

招來的人用不了。許多管理者在進行招聘時，會出現這種情況：透過「遍地撒網」和「層層選拔」的方式招來的人才依舊不盡如人意，大部分的人沒有工作熱情，在公司混日子，最後不到一個月就紛紛辭職。出現這樣的狀況很可能是薪酬不符合期待、發展前景不好等原因，但更多的原因是招進來的員工無法認同公司的文化與價值觀，因此不喜歡這份工作，沒有進取心。反之，如果新招進來的人能夠很好地融入公司、適應公司的文化，就會把工作當事業，願意與公司一同成長，並會為之努力奮鬥。

這樣的人就是適合公司的人，就是對的人。即使福利待遇與其要求還有差距，他也喜歡這份工作，會積極地改變自己去適應這份工作。管理者應該明白一點：喜歡公司的人不一定會適應公司，但能適應公司的人一定是喜歡公司的人。

那麼怎麼招到喜歡公司的人呢？要解決這個問題，我們先來看一個論題：是意願更重要還是能力更重要。

人的能力是經歷的產物，而不是意願的產物。管理者容易犯的錯誤是：錯把意願當能力。管理者一定要清楚工作動機和實際能力之間的關係，如果沒有相關的技能和經驗，即使員工工作熱情高漲，也很難取得好的結果。所以管理者在招聘時，不要錯把意願當能力。關於這一點，在後面的章節會具體分享解決方法。

培育好的人留不住。許多管理者可能在耗費大量人力、財力培養出人才後，卻發現都是「為他人做嫁衣」。培養的人才紛紛跳槽去了競爭對手的公司，或者直接自立門戶，管理者落了個出力不討好的結果。出現這樣的情況，一般問題

都出在公司的機制上，例如薪酬、福利、股權等機制。要想解決這個問題，管理者就要從設計薪酬、股權、福利機制等方面入手，這些內容在上文已進行了詳細的分析，在此就不再贅述。

以上是我總結的企業招聘時遇到的難點、痛點。如何解決這些難點、痛點，關鍵要對症下藥，找出良方。良方是什麼？良方就是本書第二部將要介紹的如何招聘。

② 不會開除員工

不會開除員工，會誘發企業出現許多問題，是企業真正的「惡」。

從前一些因素阻礙了大企業裁員，有許多企業很難招到人才，通常都處於被選擇的一方，因此在裁員這一問題上總是處在被動地位。即使招到了不合適的人，也會將就使用，避免企業出現無人可用的情況。這是許多處於上升發展期的企業都會犯的錯誤。管理者應該明白：一個企業會因無人可用而走向末路，也會因為任用不合適的員工而喪失活力，逐步走向滅亡。

有消息稱華為在2017年裁員2萬人，連34歲以上的老員工也不例外，這給人一種「卸磨殺驢」的感覺。但實際上這消息並不準確，華為裁掉的那一部分老員工，很多都擁有股權，被裁了也沒有後顧之憂。而且被裁的員工在早期透過不斷努力獲得了高薪，在走向富裕之路的同時，也丟失了進取心與奮鬥心。這為華為的發展帶來了負面影響，不利於華為進一步開拓市場，這時華為就需要藉由裁員來獲得更廣闊

的發展空間。

　　沒有被裁的員工中依舊有超過34歲的老員工，因為他們沒有因長期工作磨掉對工作的熱情，依舊能夠勇敢地為華為擴展市場而衝鋒陷陣。華為將那些沒有進取心的員工裁掉，可以在一定程度上激勵這些飽含激情的員工，也可以及時地為企業換上新鮮血液，促進企業可持續發展。

　　華為裁員的行動符合馬雲對裁員的看法：即心善刀快，請不合適的人離開。其他管理者要想讓企業得到長久的發展，就要做到如此。在發現必須要開除的員工時，要「手起刀落」，不拖泥帶水。

　　為什麼心要善？比起第一時間發現他不合適讓他離開，讓他在這裡留一兩年，等他沒有能力再去找工作時再開除，才是真正的「惡」。讓他快一點離開，找到適合他的職位，這就是善。

　　雖然解僱員工對每個企業來說都是艱難而有壓力的過程，但如果這個人不合適，一定要馬上開除。關於如何開除的實操方法，我將在後面的章節具體分享。

③ 團隊各自為戰，人心渙散

　　團隊各自為戰，人心渙散，在面臨困境時，很可能會出現「大難臨頭各自飛」的情況。出現這樣問題的原因主要有兩點：一是因為管理者沒有在團隊內部統一思想，員工沒有適應企業的價值觀與文化，不能真正地融入企業；二是因為獎勵力度、薪酬分紅、福利待遇與員工的預期要求相差甚遠。簡單來說，就是沒有滿足員工的物質與心理需求。

正所謂「上下同欲者勝」，管理者要解決這樣的問題，就必須制定團隊的共同目標，讓員工的目標與企業的目標方向達成一致，讓員工在企業未來的規畫中看到自己的發展前景，這樣才能讓員工與團隊命運相連，共同奮鬥。其次，管理者應該透過獎罰分明的機制去激勵員工，在滿足其物質需求的基礎上滿足員工的心理需求。例如，阿里近些年來光獎勵員工的資金就高達800億元，逢年過節還會送小禮品、發祝福。最後，還需要管理者以身作則，為團隊成員提供一個好的行為模範，這樣才能上行下效，團隊上下一條心。

以這些方法建立起來的團隊不僅是利益共同體，更是事業共同體與命運共同體，只有這樣的團隊才經得起時間與困難的考驗。

④ 不以結果為導向

許多團隊在奮鬥的過程中，花費了大量的資源與精力，卻因為戰略、方法、人才管理等方面出現問題而與成功失之交臂。最終努力只感動了自己，卻沒有提升業績或者達到目標。這就需要管理者以結果為導向，建立與完善相關的績效管理機制，從而促進團隊成員不斷地發現自身的問題並加以改進，實現自我進階。

績效管理理論中的基本概念之一就是結果導向，即以結果為最大的評判標準。例如阿里就實行了「271」績效審核方式，獎勵那20%績效完美、能力超群的員工；鼓勵那70%兢兢業業、績效合格的員工，並幫助他們分析工作中存在的問題，提出改進意見；對於那10%的績效不合格、

價值觀不匹配的員工，若在進行培訓與調職後仍然不能進步，則會淘汰。

這樣以業務結果為導向的績效管理與獎勵機制，能夠最大程度激勵員工，喚醒員工對「贏」的渴望。

🌀 運用「管理三板斧」解決難題

「管理三板斧」三大功效：助力企業解決管理難點、支撐管理者做好團隊建設、提高管理者的自身素養。

總結以上企業管理的難點、痛點，其根本在於人、事、團隊三個維度。而阿里「管理三板斧」作為一種結構思維和管理者的培養方法，能從這幾個方面幫助企業提升和改善。

業務（事）、人才（人）、團隊（組織）是維持一個團隊、組織正常且良好運行的三個重要因素，這也是阿里創建「管理三板斧」的重要基礎，是運行「管理三板斧」的三個視角。這三個因素形成了三條線，並貫穿於「管理三板斧」的運行過程中。

① 企業主線
——全面滲透文化，助力企業解決管理難點

許多管理者都苦於不知如何傳遞企業的價值觀與文化，有將文化滲透到日常管理行動中的決心，卻找不到合適的方法與場景，只能乾著急。

而阿里的「管理三板斧」為管理者提供了有效的方法與

具體的場景。在這個場景中，管理者能夠確定需要解決的業務問題，能夠看到員工的工作狀態，能夠看到各級員工的目標完成情況等等。這樣可以幫助管理者制定目標戰略、實現有效的績效管理，並促進團隊之間的交流與協作，加強管理者與管理者、管理者與員工對業務與文化的探討，從而落實企業的價值觀與文化。在這一過程中，高層管理者可以直接讓員工明確自己在傳遞企業文化方面的要求，並透過批評與鼓勵不斷地推動企業價值觀與文化向下傳遞。

② 業務明線
——解決實際問題，支撐管理者做好團隊建設

業務明線以「目標、戰略」為關鍵點，始終貫穿著「管理三板斧」。管理者透過探討，使企業上下在戰略、文化等方面達成共識，形成了阿里的「頭部三板斧」；管理者就戰略目標、文化傳遞、人才培養等問題，進行討論並給出改進意見，形成了「腰部三板斧」；「腿部三板斧」是管理者根據企業的實情，來制定目標、設計激勵與輔導機制，最終實現階段性戰略目標。這「管理三板斧」其實都在為達成業務目標、戰略目標而服務。

透過阿里「管理三板斧」，管理者能夠找出團隊出現的具體問題，並確實地做好「招聘開除、建設團隊和獲得成果」。可以在短時間內提高員工的各項能力，促進績效的提升。這是阿里「管理三板斧」的巨大魅力所在。

③ 人才暗線
——實戰培養管理者，提高管理者自身素養

許多大企業（比如阿里、華為）都設有人才後備軍機制，並且更傾向於藉由實戰培養人才。這些企業的管理者都會「以客戶為中心，以結果為導向」去培養人才，並對員工提出具體的要求。

阿里「管理三板斧」會藉由真實的業務場景培養員工的實戰能力。在這個過程中，管理者和學員可以一起為了一個目標而奮鬥，管理者不僅提高了自己的管理能力，修煉了自己的領導力，還能帶動員工一起成長。

阿里「管理三板斧」能夠幫助管理者或企業快速解決企業的管理難題和痛點，使管理者的管理能力至少上三個臺階，從而打造出一支良將如雲、弓馬殷實的「鐵血團隊」。

管理者練習

你的團隊是否有招聘開除、建設團隊、獲得成果的管理難題？

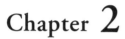

Chapter 2

活化組織，賦能於人——
「管理三板斧」的底層邏輯

「在你成為領導者之前，成功只與自己的成長有關；當你成
為領導者以後，成功都與別人的成長有關。這就是賦能。」

—— 馬雲

/2.1/
一個管理者的首要任務是賦能於人

在給企業做培訓的過程中，我經常能聽到企業家或管理者抱怨：

> 為什麼「90後」、「00後」這麼難管？
> 為什麼提高了工資也沒能留住員工？
> 為什麼這麼高的工資還是招不到合適的人？
> ……

面對這樣的抱怨，我只能說，這是時代發展的必然結果。在VUCA（易變性、不確定性、複雜性、模糊性）時代，傳統的管理方式已經不再適用，賦能是這個時代的關鍵詞，只有關注人的成長，成為價值型組織，才能在變化中生存下去。

如今很多年輕人，在企業工作一段時間後，賺夠了旅遊的錢，便會辭職旅行，等錢花完了再找一份工作。根據網上某項統計，企業員工的平均在職時間正在逐年下降。圖2-1為各個年齡階段的平均在職時間占比。

十年前，在一家企業工作一輩子幾乎是每一位員工的理

想，但在現今可能會被當作笑話。這樣的形勢給企業家和管理者帶來了很大的挑戰。如何吸引年輕員工，用好並留住優秀人才，是每個管理者都在思考的問題。

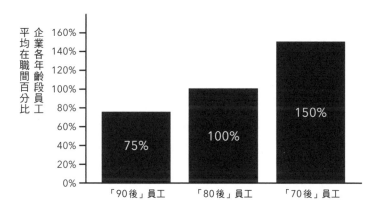

圖2-1 企業三個主要年齡段員工

其實早在2008年，阿里第一次提出新商業文明的時候，曾鳴（原阿里執行副總裁）就已經意識到了這一問題。當時的阿里雖然在試圖建設網路的新商業模式，但阿里的組織管理卻是工業時代最傳統的管理方式。

思索良久，曾鳴提出了一個概念：

「未來組織最重要的原則已經愈來愈清楚，那就是賦能而不再是管理或者激勵。」

由此，阿里的管理方式開始轉變，後來當「管理三板斧」被提出後，其核心和底層邏輯也是「賦能於人」。

剛開始，曾鳴在講賦能時，更常從管理學組織的角度去解釋賦能，意思是怎樣讓員工有更大的能力，去完成他們想

要完成的事情。他所指的賦能，其賦予者是組織。

時代在變，組織在變，人也在變。幾年後，阿里再談賦能時，已經不再侷限於組織，賦能的賦予者多轉變為管理者。**作為管理者，首要任務就是「賦能於人」。**

有句話說得好，如果你的企業只需要「一雙手」，為什麼要用「一個人」呢？反過來說，既然你招到了人才，就不該讓他僅用「一雙手」來接收指令，應激發出他的自我價值，不斷提升組織效能。

基於這樣的理解，我把賦能定義為：管理者如何引導員工更好地發揮自己的價值（喜歡與熱愛工作、自我價值的感知）。

也就是說，管理者需要藉由採取一些方式讓員工喜歡並熱愛這份工作，並且實現對自我價值的感知。

那麼，一個管理者如何持續地賦能於員工呢？

這個話題很廣，我們首先要從人性出發，知道員工的需求到底是什麼？如果一個管理者連員工的需求都不了解，那就別談「賦能」了。作為管理者，你要知道在公司工作一年的員工需要什麼？工作三年的員工需要什麼？工作五至十年的員工需要什麼……這些是管理者需要弄清楚的事。

知道員工之所需，才能真正地扣動其心靈扳機。那麼，一個員工的真正需求到底是什麼呢？

事實上，一個員工的需求對應的是他成長歷程的心理路徑。這一點，我們可以參考馬斯洛（Abraham Maslow）需求層次理論（見圖2-2）。

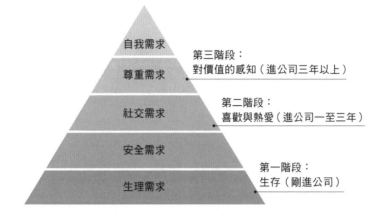

圖2-2 馬斯洛需求層次理論

根據馬斯洛需求層次理論，每個員工在不同的層級上產生的需求是不一樣的，而不同層次的需求是由低到高的，只有當最低需求（比如生存）得到滿足之後，才會產生更高層次的需求（比如成就、價值）。因此，**對於員工每一階段的需求要採取不同的賦能方式，才能更好地達成期望的目標。**

如今，管理者要允許員工走完這一段心理路徑或需求路徑。

❀ 第一階段：生存

不管是「70後」、「80後」還是「90後」，剛進入企業時的需求都是生存。只是，由於「90後」的成長環境較好，生活條件一般較優越，他們對於生存的需求會小於「80後」或「70後」。用一個網路上流行的說法形容，「90後」是「小

康 1.0」，而「80 後」是「吃飽 1.0」。

2006 年我加入阿里時，最初的需求也是得到一份能夠養活自己的工作。當時一個月的工資是 1500 元，這在 2006 年的天津屬於中等偏上的工資水準，但當時我們去拜訪客戶要包車（如果不包車，就不能完成銷售目標），包車一次的費用是 150 元，一個月 1500 元的工資沒幾天就用完了，再加上還要面對客戶各式各樣的拒絕。所以，對於剛進阿里的我來說，工作狀態就處於第一階段。

我清晰地記得 2006 年阿里開年會時，馬雲在會場跟我們說：「在場的所有人，五年之後你們都會成為百萬富翁。」當時的這番話，我認為馬雲是在糊弄我們。因為按照我當時月收入 1500 元的標準來說，100 萬元對於我來說是一個遙不可及的數字。

那麼，阿里是如何賦能新進員工的呢？

對於新進員工，阿里會進行大量的培訓，從入職時的「百年」系列課程，到專業職位培訓，比如營運大學、產品大學、技術大學和羅漢堂等等。

阿里體系化的培訓機制對於新員工的成長非常有效。以我個人來說，在進入阿里的第二年，也就是 2007 年，不僅我的工資翻了十幾倍，解決了最基本的生存需求。最重要的是，在這個過程中，我的工作心態也發生了變化。這時，我的工作狀態進入了第二階段——喜歡與熱愛。

⊙ 第二階段：喜歡與熱愛

當員工付出極大的努力，並且得到收穫的時候，他會發現自己對工作的感覺變成了喜歡與熱愛。

什麼是「喜歡與熱愛」呢？在阿里的管理者會議裡，我們經常會分享這樣一個故事：

> 某位記者去採訪一位馬拉松運動員，他問馬拉松運動員：「你是如何堅持跑完這40多公里的？」
>
> 運動員跟記者說：「你為什麼要用『堅持』這個詞？跑步是我所熱愛的運動項目。」

作為管理者，**我們一定要先讓員工賺到錢，解決生存的需求，然後在賺錢的過程中，讓員工找到喜歡與熱愛的事情，這是賦能員工的關鍵所在。**

那麼，進入第二階段後，管理者要如何賦能員工呢？阿里又是靠什麼去持續地賦能和激發員工對工作的喜歡與熱愛呢？

阿里的辦法是用好獎勵和激勵。那麼，管理該如何用呢？

以我自己為例，2008年，我成了一名管理者。我帶著團隊為北方地區的產品出口打開了銷售管道。在這個過程中，整個團隊得到了客戶的好評，有的客戶會說：「感謝你們幫我們把外貿做起來了。」這時，整個團隊成員因為這些價值和成就，以及客戶的表揚和回饋，變得喜歡與熱愛這項工作。工作不再痛苦，也不再排斥加班。

我在阿里帶團隊的時候，會大量使用這樣的激勵方式。

比如，每個季度，我會帶著團隊夥伴和明星客戶座談，其目的是為了讓員工親耳聽到客戶對阿里的肯定及對我們團隊的回饋。這時，你會發現，客戶的肯定和回饋比給員工發獎金激勵還有效。

阿里在這方面是絕頂高手。淘寶每年年會都會邀請一些客戶（身心障礙者）上臺為大家分享。當這些人站在臺上，激動地跟所有人說「淘寶改變了我的生活和命運」時，你可以想像一下，臺下的淘寶工作人員是不是聽得熱血沸騰？

管理者要賦能員工，讓員工喜歡與熱愛這份工作，**一定要給予由外而內的獎勵和由內而外的激勵。「由外而內」包括獎金、期權、股票和晉升機會，這些屬於獎勵的範疇；「由內而外」包括成就、責任、價值和榮譽，這些屬於激勵的範疇。**

對於新一代的年輕員工，特別是「90後」員工，賦能已經不再是簡單地讓員工賺到錢，而是讓員工賺到錢之後，喜歡與熱愛這份工作，並把這份工作做到極致。**賦能就是賦予員工感知價值、實現價值的能力。**

❷ 第三階段：對價值的感知

經過了第二階段後，員工的需求轉變成對自我實現的追求，也就是對自我價值的感知。

讓我感到遺憾的是，如今還有很多管理者採取的是管控和駕馭的方式，這是錯誤的管理方式。管理者應該不斷激發員工對於成就、責任、價值的感知，讓員工實現自我管理。換句話說，也就是現在企業應該給員工發三份薪水（見圖2-3）。

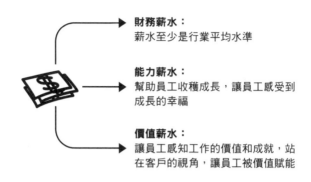

財務薪水：
薪水至少是行業平均水準

能力薪水：
幫助員工收穫成長，讓員工感受到成長的幸福

價值薪水：
讓員工感知工作的價值和成就，站在客戶的視角，讓員工被價值賦能

圖 2-3 企業應該給員工發的三份薪水

以上就是員工需求的三個階段，也是阿里向員工賦能的整個過程。事實上，每個員工的心裡都會有一團激情工作的火焰，管理者要懂得用價值成就賦能員工，點燃員工心裡的那團烈火。而這個過程**不只是簡單的「帶人」，而是要以事驅人，以事育人，以事成人。**

管理者一定要記住：如今的管理不再是管控。因為現在的「90後」和「00後」不缺錢，他們需要的是價值。

管理者練習

拿出筆，寫下自己的使命、願景、價值觀。

這一生，我想成為一個＿＿＿＿＿＿＿＿＿＿的人

・使命：＿＿＿＿＿＿＿＿＿＿＿＿＿＿＿＿＿＿

・願景：＿＿＿＿＿＿＿＿＿＿＿＿＿＿＿＿＿＿

・價值觀：＿＿＿＿＿＿＿＿＿＿＿＿＿＿＿＿＿

讓團隊每一位夥伴相信「相信」的力量

一提到阿里，大部分人的第一反應就是：這是一家使命願景驅動的公司。的確如此，馬雲一再宣揚，阿里是價值觀至上的公司，公司所有的策略、戰略都是基於價值觀產生的。十幾年來，阿里人最常說的一句話就是：相信「相信」的力量。這是阿里價值觀的核心內容之一。

2017年，在阿里18週年的晚會上，馬雲上臺說的第一句話就是：

> 「大部分人是因為看見了，所以相信。而阿里這18年走過來是因為相信了，所以看見。」

阿里的創業歷程就是對這句話最好的驗證。馬雲最初在杭州創業的時候，所有人都不相信網絡上沒見過面的兩個人可以放心交易，但馬雲和他的17位合夥人相信，正是這種相信支撐他們一路前行，於是有了阿里巴巴、淘寶、支付寶以及現在龐大的「阿里帝國」。

記得2013年年底，阿里在杭州的年會主題是「我們的征程是星辰大海」。年會上，馬雲說：「阿里巴巴要成為一

家國家公司。」什麼是「國家公司」？就是如今我們一說到三星（Samsung），就會想到韓國；一說到蘋果，就會想到美國；一說到豐田汽車（TOYOTA），就會想到日本。2013年，阿里想要成為這樣的公司，一說到阿里巴巴，就會想到中國。當然，如今阿里確實做到了。現在全世界一說到阿里巴巴，都會想到中國；一說到華為，也會想到中國。

在相信的過程中一群人共同「看見」，如同阿里一直在強調的：**「一個人的夢想是夢想，一群人的夢想是一個時代。」**

相信「相信」的力量在生活中的許多地方都可以得到驗證。比如，你相信你能把一件事做好，在做這件事的過程中，你一直鼓勵自己，加倍努力，結果真的如你所想，你把這件事做好了。這就是相信「相信」的力量。

當然，「相信」說起來誰都能懂，但要實際做到確不容易，阿里經過十幾年的發展才有如今的成就。那麼，阿里如何讓員工相信「相信」的力量呢？

管理者要想做到讓員工相信「相信」的力量，其實是有一個清晰路徑的，這個路徑有三個關鍵點：自信、信他、相信（見圖2-4）。

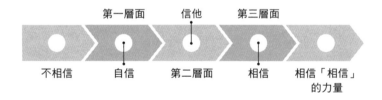

圖2-4 讓員工相信「相信」的力量的路徑

☯ 第一個層面：自信

法國著名思想家羅曼‧羅蘭（Romain Rolland）曾說過：「先相信自己，然後別人才會相信你。」一個人如果連自己都不相信，那他怎麼可能相信別人，更別提相信公司的使命、願景、價值觀了。**人不自信誰人信之**。所以，讓團隊的成員有足夠的自信，是一個管理者最基本的義務和責任。

讓員工自信有兩個必要條件：一是專業，二是賺到錢。兩者缺一不可。

如今，一個新員工加入團隊，管理者是否有新員工的成長計畫，能不能確保新員工三個月在公司立足、六個月賺到錢，這些都是需要管理者「蹲馬步」（意思是下硬功夫做的事）的功夫，是對管理者的極大考驗。阿里巴巴有一句話叫：「如果你不自信，請你假裝自信。」

☯ 第二個層面：信他

有一句話說得好：「自信者信他，信他者自強」。意思是說，自信的人相信他人，相信他人的人往往自己也是強大的。管理者能不能讓團隊成員之間彼此信任、敢於交出「後背」？在這個層面上，需要管理者實實在在地為員工的「信他」創造土壤。

創業以來，我到訪過很多企業，也見過很多團隊，有些團隊最多算「同夥」。團隊是一群有情有義的人做一件有意義、有價值的事，是一群有共同目標的人達成共同的目

標。要做到這一點，管理者要知人心、懂人性，走進員工的內心。

第三個層面：相信

只有做好「自信」和「信他」兩個層面的事，才能實現第三個層面──「相信」，讓員工相信夢想、相信使命、相信願景、相信「相信」的力量。「相信」是怎麼來的呢？「相信」來源於以下三種途徑：

一是管理者的相信。作為管理者，你的「相信」至關重要。如果連你自己都不信，一定會在行為和語言上表現出來，很容易被人識破。以自己的不信來讓別人相信，這就叫糊弄。

二是管理者要不斷地描繪未來的願景。管理者要透過不斷地向員工描繪未來的畫面，讓那些「詩和遠方」[*]變得可以想像。比如，管理者可以藉由講故事的方式不斷地重覆表達，故事是有靈魂的證據。在這方面，馬雲做得非常到位。幾乎在阿里的每一次年會上，他都會講述一個個故事來向我們描繪願景。

三是管理者要懂得為階段性的勝利慶祝。雖然車燈只照200公尺，但到了200公尺的地方又可以看到下一個200公尺。所以當我們達成一個目標後，要停下來慶祝階段性的勝利，同時再一次帶領大家看向更遠的地方。一次次地回顧，

---

[*]　原句為「生活不只是眼前的苟且，還有詩和遠方」，出自中國音樂人高曉松。

一次次地慶祝，一次次地看向遠方，團隊的心力將不斷被強化，慢慢從自信、信他，到相信「相信」的力量。管理者需要懂得去慶祝，即使一些小事也要慶祝。在慶祝的過程中，你的團隊才會從勝利走向勝利，不斷地增強心力。慢慢地，你會發現這種「相信」將會成為團隊的基因和信仰。日本「經營之神」稻盛和夫曾經說過：「只有你相信了，你才能突破障礙。」

我經常把我的感謝及客戶對我們的回饋，以郵件或簡訊的方式發給團隊成員看，讓他們逐漸產生自信。

2010年以前，馬雲說什麼我都不信，認為這些話都是糊弄，因為那時我的需求只停留在生存上。2010年以後，當我喜歡並熱愛這份工作以後，我開始相信馬雲說的每一個字，相信阿里的每一句話。因為一件件事情一步步地達成，讓我相信「相信」的力量。

從自信到信他，再到相信，這就是管理者讓員工相信「相信」的力量路徑。當然，要走完這一路徑，能夠讓一群人相信一個夢想，是很難的。所以這不單單靠說，關鍵在於還要去做。這就涉及「術」的問題了。做好管理，道和術同樣重要，阿里認為：有道無術尚可術，有術無道止於術。

管理者練習

思考一下：你是一個自信的管理者嗎？你是否相信你的團隊？你是否相信你所在企業的願景？

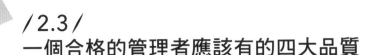

/2.3/
一個合格的管理者應該有的四大品質

　　管理者，也就是我們說的「leader」，在通常情況下可以理解為：在某一組織中，透過地位、能力與知識，能夠實質性地影響該組織經營及達成成果，並對該組織有貢獻責任的人。

　　馬雲將這一概念具象化，用更加通俗的語言去闡述管理者的涵義：**「要在別人看到問題的時候看到希望，要在別人充滿希望的時候看到問題。」**要想更清楚地理解馬雲的話，我們需要去了解他說這句話的大、小背景。

　　那是在2014年，大量微商借助微信朋友圈，以迅雷不及掩耳之勢」在電商行業迅速站穩了腳跟，並占據了一定的市占率。微商的迅速崛起分走了天貓、淘寶的部分流量，給業務帶來了較大的沖擊。此為大背景。

　　小背景是發生在阿里巴巴內部的「風清揚二期」課堂上的一個小插曲。當時，「逍遙子」問各位學員有沒有關於淘寶的建議。有一位學員立刻站了出來，直接用一長段帶有批判意思的話，引出了「再不改，天貓、淘寶馬上就要關門了」的結論。

　　馬雲聽了之後雖然很生氣，但並沒有否認這些問題的存

在，而是告訴所有學員：「作為管理者，就是『要在別人看到問題的時候看到希望，要在別人充滿希望的時候看到問題』。管理者在提出問題時，要帶著可以解決問題的方法和心態去說，否則大家都說有問題，還要你幹什麼！」

根據馬雲的話，我們可以了解到：一位合格的管理者向別人提出問題的時候，會帶著可以解決問題的方法和心態去說，會引導員工去解決問題。也就是說，**管理者既要能看到問題又要能解決問題**。

除了看到問題和解決問題以外，馬雲認為一個合格的管理者還應該具備三種品質，即有理想、充滿正能量和有擔當（見圖2-5）。

充滿正能量：樂觀積極地看待今天和明天，對昨天感恩，對明天充滿敬畏和期待。

有理想：理想是支撐阿里巴巴直到今天的動力。

有擔當：為員工擔當，為客戶擔當。

能看到問題，又能解決問題。

圖2-5 合格的管理者應具備的四大品質

✺ 有理想

阿里在剛開始做電商時，只定了一個對的方向，而支持阿里跟著這個方向繼續走下去的動力就是理想，這也是支撐阿里巴巴發展到如今規模的動力。

1999年，以馬雲為首的18人在杭州創建了阿里巴巴集團，他們立志要將阿里巴巴網站做成「世界十大網站之一」。雖然當時阿里巴巴剛起步，其網站根本連世界網站排名前10萬名都排不上。但馬雲依舊堅持這一理想，並提出至少要讓阿里巴巴活80年，因為他認為「人生就活80年，活老了不好意思，活少了又不夠本，80年正好，剛好是一個輪迴」。

20年前，有多少人相信電子商務？2003年淘寶創立，有多少人能預料到它如今的發展情形，能預測到它對中國的巨大影響？2004年支付寶建立，有誰會相信小微金服能對中國金融產生如此大的影響？

我相信，正是因為馬雲能用長遠的眼光去看待理想，才能前瞻性地發現這些發展趨勢，從而獲得成功。對於這些成功，馬雲曾說：「我們有很多運氣的成分在。但不管是運氣、努力還是勤奮，有一樣東西支撐著我們，這個東西很重要，就是理想主義。」他還提出了「未來我們堅持什麼？未來我們堅持的第一個品質是理想」的觀點，也正是對理想的堅持才讓阿里巴巴成為「世界十大網站之一」，並讓大家相信「活80年」不是空想。

阿里在2002年確定的「讓天下沒有難做的生意」的使命，也曾遭遇過質疑，被人認為是空想。但阿里將理想現實主

義化，用十幾年的實踐成果消除了這些質疑聲，並將「虛」的企業使命與價值觀落實在每一次的行動中，給人們的生活帶來巨大影響。正如馬雲所言：「世界上看得到的東西都不可怕，能預測的東西都不可怕，最可怕的是看不到。虛的和實的相比，虛的比實的更可怕，虛的做實了才是最可怕的。」

那麼，管理者如何才能將理想現實主義化呢？

將理想現實主義化就是「化虛為實」，以現實為據點，一步一腳印打下基礎，然後實現長遠的理想。

馬雲認為：「淘寶不是做零售，是獲得數據；支付寶不是做金融，是建立信用，信用需要數據；菜鳥網絡不是做快遞，是做快遞支持，用數據去支持。未來世界最珍貴的是數據。」他一直強調數據的重要性，是因為數據就是現實據點，是實現長遠理想的基石。

有了實現理想的基石，還需要實現理想的工具，即雲端運算和大數據。透過雲端運算和大數據，阿里為社會創造了巨大的價值，為理想的實現打下了基礎。現如今，阿里的雲端運算可以從天貓、淘寶、小微、菜鳥等平台獲得數據支持，這些正推動著阿里從IT時代進入DT時代，這是阿里實現理想的時代背景。

DT是Data Technology的英文縮寫，是指數據處理技術。馬雲認為IT是讓自身更強大，而DT是讓別人更強大，這是DT時代和IT時代的本質區別。

馬雲試圖藉著DT創建一個巨大的經濟體，他曾表示：「在這個經濟體裡，一切以數據為驅動，一切以信用為基礎，人們誠信經營，不斷地創造出新的經濟方式，幫助企業活化傳

統經濟，讓虛擬世界變得更美好。」馬雲認為可以透過雲端運算和大數據賦予「高智商」的電腦「情商」，從而讓這個以數據為基點的經濟體實現「情商和智商高度結合」。

如今，馬雲在「數據」這一現實據點上，描繪的一個有關經濟體的理想不僅是阿里巴巴集團的理想，更是社會理想。這個理想是在DT時代的背景下，以數據為現實據點，藉著雲端運算創建一個完整的經濟體。除了這些條件之外，馬雲還為這個理想提供了兩個方向──健康和快樂。只有具備了這些條件，才能順利地實現理想。

健康問題是目前中國人面臨的重大問題之一。霧霾、水汙染、垃圾食品等都有可能帶來各種各樣的疾病，危害人們的身體健康。隨著醫療技術水準的發展，這些疾病問題有可能被解決。而阿里「擁有最好的技術，擁有無數消費者的生活數據」，可以為醫學研究提供數據支持。

正如馬雲所說：「We can make the difference，這是我們的理想主義色彩，這是我們期待做的。」為中國的健康事業出一份力，不僅是企業的理想，更承擔起了一份社會責任。這是每一位管理者應有的思想覺悟。

人們面臨的健康問題，不僅有身體健康問題，還有心理健康問題。而快樂可以說是影響心理健康的一個因素。特別是在如今這樣一個「娛樂至上」的時代，快樂成為人人追求的目標。馬雲認為寓教於樂是確保人們思想健康的最佳方法。換句話說就是「透過電影、電視、互聯網演義娛樂化的教育」，讓人們獲得快樂。

阿里也將「快樂」融入了集團的理想與文化之中，即「Live

At Alibaba」。馬雲對此做出了更為詳細的闡述：「阿里巴巴十週年之前是『Meet At Alibaba』，阿里生態逐漸形成的過程是『Work At Alibaba』，而『Live At Alibaba』有兩條路線，一條是身體健康，一條便是思想健康、思想快樂。」

一個合格的管理者就應該如馬雲一樣，不僅有理想，還能為理想的實現提供現實據點、方法和方向。

🌀 充滿正能量

「樂觀積極地看待今天和明天，對昨天感恩，對明天充滿敬畏和期待。」這是馬雲對「正能量」的理解。而充滿正能量也是一個合格的阿里管理者要具備的品質。

有一次馬雲在訪談中提到，以前有很多人在網上罵他，他特別生氣，但還是會強迫自己去看這些負面評價。當這些負面消息已經不能在他心中掀起任何波瀾後，他就不再看了。透過許多有關馬雲的報導、訪談，我們可以看出馬雲在不斷從負能量中提取正能量，並藉此提高自己對負能量的抵抗力。

對於正能量，馬雲有一個十分有趣的說法，他將「正能量」比作「漂亮的荷花」，將「負能量」比作「淤泥」，從負能量中提煉出正能量就是以這些骯髒的、臭的、埋在地下的東西為肥料，使上面的荷花生長地更為漂亮與獨特。所謂出淤泥而不染，大概就是如此。

沒有人是十全十美的，每個人或多或少都會被負面的情緒與評價影響。馬雲不僅希望自己能做到充滿正能量，更希望每個員工也能做到如此。他希望公司裡的每一個人都能將

來自社會上的負能量變成營養，變成對公司未來十年的期待與想法，這不僅是挑戰，也是機會。當然馬雲提倡的正能量並不是要在道德上擺出高人一等的姿態，他並不倡導自己成為道德中的模範，因為阿里的每個人都是平凡的人，也因為是平凡的人，所以才更需要正能量。

理想是讓馬雲能走到今天的外在驅動力，而正能量是內在驅動力。那麼正能量是如何體現出來的呢？下面是馬雲講的關於正能量的一個例子，也許從中你可以得到答案。

以前，吃飯講究排場，除了選最好的飯店，吃最貴的菜之外，還得在吃飯前討論「主位、右首」等座位的歸屬問題，在吃飯後爭搶付錢的資格。許多外國人覺得這樣的用餐流程太過複雜，他們更習慣「AA制」，平均分攤交錢。但當時許多人都認為，一百多元還要大家分攤的行為實在是太小氣了。

但馬雲覺得「AA制」是正能量的體現。因為「AA制」傳遞出了「平等」、「公平」、「獨立」的理念，脫離了社會人情的束縛，是一種更有效率、更經濟的交際方式。

除了「AA制」，管理者解決問題的方式、心態也可以體現正能量。當工作出現問題時，馬雲不會去指責抱怨，而是先「安定軍心」，與員工們一起去解決問題。當員工達成目標沾沾自喜時，馬雲會冷靜下來，尋找被忽視的問題。這都體現著正能量。

管理者透過一個個很小、很細微的習慣，向每一個員工傳遞正能量，為員工補充工作的內在驅動力，從而促使員工每天進步一點點，利用「量」的積累，達到「質」的突破，最終促進整個公司向更好的方向發展。

🐾 有擔當

除了有理想、充滿正能量，「為員工擔當，為客戶擔當」也是一個合格的管理者必不可少的品質。

馬雲在 2013 年進行「人才盤點」時，收到不少員工對組織部的投訴和抱怨，大多數內容都在說組織部處理事情不公平，而組織部成員大多是阿里等級較高的管理者。這讓馬雲萌生出了解散組織部的想法，因為員工的投訴在很大程度上反映了管理者、領導者沒有為員工考慮。

聚沙成塔，阿里的每一個員工都是構成這個龐大集團的一粒沙，他們希望在阿里這個大家庭中學到更多的知識與道理，和阿里一起走向更美好的未來。而公司將員工交給管理者，不僅是在提供資源，更是在賦予責任。只有真正承擔起員工與公司的期望，才能充分發揮管理者的作用，成為更好的管理者。

阿里的「輪職」制度，能夠很有效地檢驗一個管理者是否有擔當精神。輪職是中高級管理者每隔一段時間會被調職或派遣到其他職位。藉由這種方式，讓管理者學得更多、走得更遠。馬雲批評了那些在輪職過程中只是「走過場」而無作為的管理者：「你不批評他，不表揚他，連警告也沒有，晉升機會也沒有，你什麼都不做，那麼公司為什麼要把這個年輕人交給你，你這樣做是把他的前途毀了。」這樣的管理者是不合格的，沒有盡到自己的責任，沒有為員工擔當。

為員工擔當，可以從小事著手。例如，當員工完成一個專案後，可以一起聚餐，也可以給他發一條訊息，祝賀一

下；當員工的工作出現問題時，適時地提點一下；為員工舉辦集體婚禮等等。這樣可以獲得員工的信任，讓他們從這些小事中感受到管理者的真心，從而使員工有更好的工作體驗與更強的進取心。

為員工提供更加優質的待遇與工作環境，能夠讓員工更好地完成工作任務。例如阿里客服人員，每天都面臨著許多客戶的抱怨與不滿，堆積著負能量。公司會給他們提供更好的工作工具，並給他們多發獎金，這也是為員工擔當的一種方式。客服人員會因為管理者的擔當，有更好的工作心態，在與客戶的交流過程中會更加親切禮貌，為客戶提供更優質的服務。而將客戶擺在第一位，並為其提供優質的服務，就是在為客戶擔當。

「理想」、「正能量」和「擔當」是阿里管理者考核體系裡的三個重要指標。馬雲根據這三個指標對管理者提出了建議：「富了以後，很多人會失去理想，陷入迷茫中，當社會上都是負能量的時候，如果你有擔當精神和正能量，很快就會得出積極的成果。」

管理者練習

問自己三個問題：

・為什麼要做管理？
・你想成為什麼樣的管理者？
・你想要付出怎樣的努力？

做好一個管理者須堅守的
五條「管理之道」

在阿里，每一個剛晉升的管理者，都要接受「管理之道」的培訓。

這套課程是以湖畔學院為主打造的管理者培訓體系，會在湖畔學院對中高層管理者進行培訓，而基層管理者則由各個事業部來培訓。在對基層管理者的培訓內容上，馬雲希望加入些儒家思想。馬雲說：「基層管理者要帶好團隊，不斷地做好事，一層一層往上走。要有積極和贏的心態，還要將其灌輸給團隊。」作為一個團隊的管理者，要在實踐中做好示範，要給員工樹立一個好榜樣。

在阿里做管理者挺難的，挑戰很大，成長很快，但要求也高。要成為一個好的管理者，必須堅守五條「管理之道」。

🐾 第一條：知人善用

「知人善用」對於管理者來說，是一個老生常談的話題，但卻是一個亙古不變的真理。管理者要做到「知人善用」，有兩個管理法則適用於任何企業的管理者。

一是去了解你的員工，做到「知人」。

做管理，從某種意義上來說，其實和做業務一樣。業務要想做得好，必須先去了解自己的目標客戶。做管理也是同樣的道理，要想管理好員工，你首先需要去了解自己的員工。

有些管理者的管理思維是「線性思維」，認為自己只需要安排好工作就行了，至於員工心裡怎麼想、他是一個什麼樣性格的人、家裡發生了什麼事，根本沒興趣聽，也不想知道。這是一種錯誤的管理思維。做管理要跟一群人打交道，然後帶領這群人共同去完成一件事情。如果你對這群人都不感興趣，何談管理？

所以，作為管理者，要經常與團隊的夥伴接觸，了解每個夥伴的優點、性格、興趣等等。只有足夠了解員工，才能做到「知人」。在這個過程中，管理者需要注意的是，人的個性和才能有顯性和隱性之分，有時不容易顯現出來，所以管理者需要透過各種方式進行觀察與評估。比如，有的員工平常表現出來的個性是由環境造成或刻意包裝的，這時管理者要透過旁敲側擊與審慎地觀察，了解員工最真實的情況，把他放在最合適的位置。這就是「知人」。

二是用人之長，補事之短。

英國管理學家德尼摩提出了「德尼摩定律」，說的是「凡事都應有一個可安置的所在，一切都應在它該在的地方」。此定律適用於管理者。

管理者在帶團隊的過程中，要用人之長，補事之短。關於這一點，我的同事曾幫我上了深刻的一課。

那是一次做團隊交接的時候，我正為他介紹團隊的夥伴，當說到這個員工有什麼優勢和劣勢時，這位同事跟我說，你只需要告訴這位員工的優勢就行了，不用跟我說他的劣勢。因為你跟我說了他的劣勢之後，我會戴著有色眼鏡看人。這是挺讓我觸動的一件事，也帶給我很深的管理體悟。

作為管理者，尤其是基層管理者，要發揮員工的優勢，彌補他的劣勢，這樣才能做到用人之長，補事之短。

❁ 第二條：使其青出於藍

什麼叫「使其青出於藍」？也就是超越伯樂。伯樂的工作是發現人才，作為管理者，我們要超越伯樂，不僅要發現人才，還要成就人才。

我在阿里做了近十年的管理工作，最大的感觸可總結為兩個短語：獲得成果和培養人。首先要不斷地設定目標、追蹤過程、獲得成果，然後全力以赴地培養人。在從員工到管理者的轉型中，很容易出現的問題是他根本不懂得培養人，不僅不懂得培養人，而且有時還會阻礙員工的成長。

比如，我在剛做管理者的時候，因為不懂得培養人，在不到兩個月的時間裡，團隊裡的七八個人基本上全成了我的助手。他們遇到好客戶，第一個想法不是如何去簽下客戶，而是先給我打電話問：「老大，下週三有時間嗎？我這邊遇到了一個客戶，你去一定能簽下來。」結果這個客戶跟到最後才發現根本就不是我們的目標客戶，也簽不下來。究其根本，是因為剛開始從「明星員工」轉型做管理者，有很強的

表現欲，太看重結果。當團隊夥伴遇到業務上的困難時，恨不得自己親自上場，跟客戶溝通簽下訂單，不給員工犯錯和成長的機會。

作為管理者，要包容員工，允許員工犯錯。事實上，管理者本就是在不斷地犯錯中成長起來的。但當我們成為管理者，卻不允許員工犯錯，這就是最大的問題。朋友圈裡有人說：這個世界上最浪費時間的事，就是跟年輕人講道理，因為只有犯錯才能真正地成長起來。當然，需要提醒管理者的是：不能讓員工犯承擔不了的錯誤，只能讓他犯能夠駕馭和把控的錯。如果這個錯管理者彌補不了，那犯錯的員工就會面臨著被開除的可能。

說到這裡，再強調一點，中國有一句老話是：「教會徒弟，餓死師傅」。這句話對於傳統的管理有著負面影響。作為管理者，只有在不斷培育人的過程中，自己才能夠獲得成就，也就是成人達己。我們帶團隊，看似是在幫助團隊夥伴成長成功，其實是在幫助我們自己成長，也叫成人達己。

✿ 第三條：執行有果

一切都要以結果為導向。阿里有一句「土話」是：沒有過程的結果是垃圾，沒有結果的過程是放屁。在華為也流傳著這樣一個故事：

> 一個副總裁跟任正非說：「有的人沒有功勞還有苦勞。」結果任正非直接開口訓斥：「以後少說這種話，沒

有功勞哪來的苦勞，我沒跟他要資源損失費就不錯了。」

　　所以，作為管理者，我們也要傳達給團隊一個理念，那就是：只為結果買單。

🌀 第四條和第五條：身先士卒和正大光明

　　毋庸置疑，這兩條是「管理之道」最基礎的東西，是每一位管理者都應該謹記在心的。作為管理者，其身正，不令則行；其身不正，雖令不從。阿里一直推崇：在團隊裡有的東西即使是錯的，也要讓它長在陽光下，也要足夠透明，這就是要做到正大光明。如今，試問作為管理者的我們，有誰敢說自己做到了身先士卒和正大光明？

　　這兩條管理之道聽起來容易，管理者都懂，但要做到卻很困難。所以，「道」的層面是需要管理者持續不斷地修煉的。

管理者練習

根據上面所說的五條「管理之道」，分析一下你是否是一位合格的管理者，有哪些地方需要改進？

PART **II**

「腿部三板斧」
實操落地

Chapter 3

招聘，是一切戰略的開始

「考核員工有兩個標準：一個是業績，一個是價值觀。群策群力，教學相長；質量，激情，開發，創新。」

——馬雲

/3.1/
一切的錯誤從招聘開始

　　馬雲經常會帶領團隊去考察其他國家的一流企業，並希望藉由吸取它們的管理經驗來推動阿里的發展。2009年，馬雲帶領衛哲等人去美國考察，每到一個公司考察，衛哲就會與這些公司的管理者聊有關「競爭對手」的話題。

　　當時微軟（Microsoft）的CEO史蒂夫‧巴爾默（Steve Ballmer）對這個話題十分感興趣，和馬雲一行人談論了近一小時，並向馬雲描述了微軟公司是如何與索尼（Sony）、思科（Cisco）、甲骨文（Oracle）競爭並消滅它們的。他認為微軟的競爭對手是擁有相同或相似產品的企業。馬雲對史蒂夫‧巴爾默的評價是「職業殺手」，而衛哲卻說在金庸小說裡，沒有一個職業殺手最終能成為頂尖高手。這是一段非常有預見性的對話，後來史蒂夫‧巴爾默下臺了。

　　Google創始人賴利‧佩吉（Larry Page）對於「競爭對手」的看法與史蒂夫‧巴爾默不同。Google將美國太空總署（NASA）和歐巴馬政府視為最難纏的競爭對手。他說：**「誰跟我搶人，誰就是我的競爭對手。」**賴利‧佩吉不怕Facebook、蘋果等公司來搶工程師，因為Google能以更好的工作、更多的股權留住這些優秀的工程師。但是它卻競爭

不過美國太空總署。因為美國太空總署探索的目標是整個宇宙，甚至更大，在那裡有許多更有趣的事情。儘管美國太空總署的薪資只有Google的五分之一，但依舊能夠吸引Google的人才去那裡工作。

我之所以在介紹「招聘」內容前，跟大家分享這個故事，是想告訴大家：人才的競爭對手往往比產品的競爭對手更加難纏。管理者一定要深刻思考究竟誰是你的人才競爭對手，畢竟人才的流失會為企業的發展帶來巨大的影響。

阿里是一個特別重視人才的公司，但即使是這樣一個重視人才的公司，在人才的招聘、管理方面也走過很多彎路。

衛哲是在2006年加入阿里的，他到公司後曾透過人力資源部門了解到工程師和銷售人員的離職率是10%。

當時衛哲十分驚訝，因為流失率特別大的職位就是銷售人員和工程師，阿里能做到10%，實在是了不起！結果後來才知道10%是一個月的離職率。這就相當於一年一次大換血。

為了降低員工的流失率，人力資源部門制定了流失率指標，並將這個指標與各級HR、管理者的關鍵績效指標（KPI）考核掛鉤。結果卻差強人意，該留的一個都沒留住。

為什麼員工流失率這麼高？原因只有一個：人力資源的源頭（也就是招聘）出了問題。

🐾 企業招聘時常犯的四大錯誤

企業在招聘時，最容易犯以下四大錯誤：

一是抱著「能抓耗子就是好貓」的想法盲目招聘。很多

企業發現缺人了才開始招聘，碰到一個條件大致吻合的應聘者，就抱著「能抓耗子就是好貓」的想法將人招進來。對於需求職位的特徵、要求、職責，職位需要什麼樣的人、基本素質、技能等方面沒有任何標準，只是在盲目招聘。

二是對「空降兵」有過高的、不合理的期望值。人才是公司擴大規模必不可少的條件，但培養一個人才需要花費大量的時間與精力。為了節省培養人才的成本，有不少企業會直接招聘「空降兵」。這裡的「空降兵」是指從其他同類型企業跳槽過來的員工。

許多企業會因「空降兵」有豐富的工作經驗，而對他們期望過高。甚至有些企業還將「空降兵」視為救星，希望他們在為企業帶來業績直線上升的同時，還能幫助企業實現規章制度等方面的改革，從而推動企業發展「更上一層樓」。

結果「空降兵」到任後，可能是因為「水土不服」，或因為與企業文化不能匹配等原因，最終離開。

三是給職位招到人之後就停止招聘。很多企業給空缺的職位招到了人，就停止了招聘，完全不考慮新招的人是否能夠穩定地工作、是否能夠適應團隊等問題。即使招到合適的人，招聘的進程也不能停下來，直到職位被招滿了，並確保職位穩定後才能結束。所以，應該從「增強」團隊的角度進行招聘，而不是急於填補人數的空缺，這樣既浪費錢又浪費時間。

四是招錯人後考慮各項成本便將就使用。有的管理者發現自己招聘失誤，招錯了人，但考慮到時間成本、精力成本、費用成本，還是硬著頭皮用。這是管理者招聘時犯的最

大錯誤。

一般來說，對於新招進來的人，在 15 至 60 天之內，你就會發現他是否合適。一旦你發現招錯了人，必須馬上開除他。問題拖得愈久，其破壞力就愈嚴重。錯的人會像病毒一樣滲透你的團隊，影響整個團隊的士氣和文化。

以上就是企業在招聘時經常會犯的錯誤。無論何時都請牢記：**招聘時永遠別著急，也別妥協。你是在給你的團隊奠定基礎，別為了短期的成功，而犧牲長期的價值。**

✿ 招錯人的隱形成本，你有好好計算過嗎？

關於企業招錯人，我曾經在課堂上向管理者提過這樣一個問題：

「如何讓豬上樹？」

有的管理者說「給豬美好的願景，簡稱畫餅」；有的管理者說「告訴它如果上不去，晚上擺全豬宴，簡稱績效」；有的管理者說「幫豬減肥，讓它達到基本標準」……

各種各樣的答案都有，但這裡面有兩個問題是被所有管理者忽視的：

一是豬真的能上樹嗎？無論是在現實生活中，還是在小說雜誌、電影電視中，好像都沒見過「豬上樹」。

二是要找個動物爬上樹，為什麼一定要是豬呢？為什麼不能是猴子呢？

是不是一句驚醒夢中人？

一般來說，企業覺得招錯人只會浪費幾個月的時間與金

錢。實則不然,當企業發現招錯人後,不得不再次進行招聘,這樣會加速公司人事流動速度,為企業帶來浮躁的工作氛圍,給原有的工作團隊帶來負面影響,使企業文化變味。如果企業將錯就錯,抱著將就的態度,繼續把這些招錯的人留在公司,可能會引發更多的問題。例如會使人際關係變得複雜,影響企業的目標達成效率,在關鍵時刻可能會給公司造成較大的財務損失。下面我列舉了幾個招錯人帶來的損失(見圖3-1)。

我們曾經計算過:招錯了人,企業會付出與薪資相比15倍的代價!意思是:假設這個人的年薪是10萬元,那企業為此付出的代價將是150萬元(見圖3-2)!

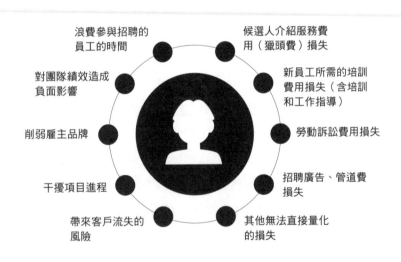

圖3-1 企業招錯人帶來的損失

圖3-2招錯人的成本

所以，如果招到「錯的人」，不管是留任還是不留任，企業要負擔的顯性招聘成本和隱形招聘成本都是巨大的。一切的錯誤都是從招聘開始的。

現在，請管理者認真思考一下：一個企業的種種問題，比如業務水準低下、員工的流失率高、員工成才率低等等，是不是源頭都出在招聘上？人招錯了一切都無從談起。

❂ 阿里的招聘理念：招聘是一切戰略的開始

既然一切的錯誤從招人開始，那麼管理者要如何避免犯錯呢？

所謂「認知決定行動，行動決定結果」，不同的企業對招聘理念的理解不同，其做法也就不同。企業為什麼會招錯人，不知道如何招聘，究其根本都是招聘理念出了問題。

阿里的招聘理念是：**招聘是一切戰略的開始**。企業成敗的關鍵，取決於一開始是否用對人。員工的招聘是個系統性

的工作，一定要站在戰略的高度。

對於阿里的招聘理念，要從兩個層面去理解：

① 謹慎待之

阿里重視招聘如同重視戰略一樣，要謹慎再謹慎。無論招人多麼急迫，都要明白一點：**缺少人不會讓公司出問題，而招錯人會讓公司和團隊都陷入被動的局面。**

在阿里，從馬雲到各個事業部的高管，再到基層管理者，對於招聘都很重視。馬雲在2018年的內部講話時說道：「**招聘是公司之大事，決定公司的生死存亡之大事。會招聘的管理者才是真正的管理者。**」

馬雲的話應為企業敲響了警鐘，在招聘時，管理者要清楚地知道：我們要什麼「味道」的人？我們請什麼樣的人進來？請哪些不適合的人離開？總之，企業不能因為業務缺少人而迅速招聘。

很多企業的問題究其源頭，從招聘開始就錯了。在這一點上，企業應該學習阿里的招聘理念，在阿里，一個管理者至少要花30%的時間和精力在招聘這件事上。管理者不是要找更多的人，而是要從無數人之中找到真正對的人。

在這裡，我教給大家一個招聘的基本方法——招聘時，問自己一個問題：

> 他比當年的你聰明能幹嗎？
>
> 幾年後他會超越你嗎？

你的答案如果是否定的，那麼你可以毫不猶豫地拒絕。

② 提前布局

「招聘是一切戰略的開始」的第二個層面是：提前布局。這就如同企業的戰略要提前制定一樣，招聘也要提前整體布局。為何要如此呢？因為招聘是最後的選擇，不能等到職位空出來了才想起來招攬人才，要先在內部持續培養，更不能過於依賴「空降兵」。

馬雲曾在一個訪談裡面說過這樣一句話：「即使公司要關門了，我也絕不允許從外面招聘一個『空降兵』來擔任公司CEO。」甚至，馬雲將「不招『空降兵』來擔任CEO」這句話寫到了公司的基本法裡面，足以見得他對內部人才培養的重視。

而這份重視來自「血的教訓」。大家都知道阿里的「十八羅漢」戰無不勝，受到很多合作企業的膜拜。但在創業初期，馬雲對合夥團隊裡的人才不是很滿意，儘管當年「十八羅漢」放棄了北京的高薪職位，跟著馬雲回杭州創業，但馬雲告訴他們：「不要想著靠資歷任高職，你們只能做個連長、排長，團級以上幹部得另請高明。」事實上他確實這樣做了。

2006年的前後，阿里引入了一大批國際人才，其中包括衛哲、吳偉倫、曾鳴、謝文、崔仁輔、黃若、武衛等等。然而到了今天，這批「空降兵」除了曾鳴以外，其他人因為各種原因都沒能留下來，可以說是「集體陣亡」。反倒是當初和馬雲一起創業的人依舊堅持了下來，如彭蕾、戴珊、謝世

煌、吳泳銘……如今個個身居要職。

有了這樣「血的教訓」，如今的阿里極其重視內部管理者的培養與成長，這也是現在的企業和管理者們都應該學習的——招聘是最後的選擇。要知道，**在其他地方生長的最茂密的大樹，移過來的時候最容易死亡。**企業需要的是「青年樹」，有培養潛力的「樹」，他們能讓企業成為「森林」。這就對企業提前布局招聘的能力提出了更高的要求。

阿里的招聘理念像是一顆定心丸，在一片狼藉的網路裁員環境裡讓那些無處安放青春的「人才」，能夠找到新大陸。據阿里最新財報顯示，目前阿里巴巴集團和螞蟻金服的員工總數首度超過10萬人。

回過頭來看，企業招聘並不是一定要去勉強用所謂最優秀的人才，而是要基於現實的目標，招對人、組對局，這樣才能打造良將如雲、弓馬殷實的鐵血團隊。

管理者練習

管理者須回答以下兩個問題：

1. 賣點——我們自己的優勢是什麼？比如，薪資待遇、個人發展、學習成長、福利保障、公司規模、企業文化、領導魅力……

2. 「客戶」導向——應聘者的關注點是什麼？

/3.2/
招聘是管理者的事

在企業裡，經常會出現這樣的場景：HR招來的員工在工作一段時間後不符合職位要求，業務部門管理者開始和HR互相推諉招聘責任：

HR：業務部門自身策略不清晰，對於職位用人標準不明確，甚至要求招一個技術「大咖」，並且一個星期之內就要到職。最後招來的人不合適，業務部門還把責任都推到我身上，我覺得這工作沒法做了。

業務部門管理者：招聘就是HR的事，你們應該協助我們制定明確的用人標準。我想招一個穩定的、合適的員工怎麼這麼難呢？

為什麼會出現這樣的情況呢？這是因為在大多數管理者的認知裡，招聘是HR的事。

招不到人，是HR前期工作做得不到位；

招的人做得不好，是HR眼光不好；

招的人留不住，是HR不夠體貼。

難道招聘真的是HR的事嗎？當然不是。

招聘是管理者的事。這句話出自於阿里首席人才官蔣

芳。2015年9月3日，她特地在「阿里味」社區寫過一個關於招聘的帖子，只為講清楚這一句話——招聘是管理者的事，HR起到的只是輔助作用。也就是說，招聘的決策權是在業務部門。

誠如蔣芳所言，管理者必須把大量的時間和精力花在尋找、招募、面試和調查候選人上。這也是為什麼在阿里發展的早期，馬雲重視並參與每一次招聘的原因，這也是阿里絕對不會把招聘外包給其他機構的原因。馬雲當年反覆強調招聘的權利，這個人是否能進來，要管理者自己做決策。

在阿里成立之初，從保全到櫃檯接待，都是馬雲親自面試的。在馬雲嚴格把關下，阿里能培養出一些有傳奇性的代表人物，也就不足為奇了。

例如，如今阿里的首席人力資源官——童文紅就是這批傳奇人物中的代表。誰能料想到一個櫃檯接待員最終會成為首席人力資源官？如果是在普通的公司，由普通的行政經理面試，那麼她的前途可能只通向行政經理。但在阿里，她是由馬雲親自面試的，這也為她的職業之路提供了更多可能性。

童文紅從櫃檯接待員一步一個腳印走到了行政經理的位置，然後開始接手業務管理、客服人員管理工作。在這個過程中，她不斷積累管理經驗，慢慢地成長為菜鳥董事長，最終成為整個阿里集團的首席人力資源官。正所謂「先有伯樂，後有千里馬」，正是有了馬雲這樣的「伯樂」，才造就了童文紅的「千里馬」傳奇，而她的傳奇不會止於此。

從童文紅的例子中，我們可以看出招聘其實是管理者的事情，如果管理者重視招聘，可能會為企業帶來不可多得的

人才，否則，就會帶來很多問題。

在我為企業培訓的過程中，我看到最極端的例子是，有些企業的管理者到職時間還不到一個月，就開始進行招聘工作，這是非常錯誤的招聘做法。剛到職的管理者，在自己都沒有了解公司的文化和價格觀的情況下，盲目地招聘，這樣招進來的人往往與公司的文化、價值觀是不匹配的，會帶來較大的風險。

還有一些中小企業的管理者認為招聘與他無關，是HR應該做的事情。在阿里，為了讓管理者認識到招聘是管理者的事，甚至還採用了「跨四級招聘」的方式。比如，在阿里廣州區的業務線中，銷售或者客服是基層員工，上一級是業務主管，再上一級是城市經理，最高級為廣東區的總經理，而總經理需要面試銷售或者客服人員。這種跨級招聘的方式，將招聘徹底變成管理者的事情。

既然招聘是管理者的事，HR只是輔助作用，那麼，管理者要如何與HR協作，才能更快更好地招到人呢？

在這方面，管理者可以借鑑阿里的「政委體系」。

❖ 阿里的「政委體系」

「政委」這個詞不是來自傳統的西方管理學，而是來自軍隊管理，「政委」全稱「政治委員制度」。阿里巴巴為何能想到建立這樣的制度呢？

那是在2005年，當時正值《亮劍》熱播。馬雲在這部電視劇的主角——李雲龍的身上看到了基層管理者的影子，並

了解到「政委制度」的優勢。當時也是阿里巴巴B2B業務發展的重要時期，人才緊缺，亟需一個能幫助管理者招聘、富有管理經驗和專業知識的團隊；與此同時，企業的價值觀在傳遞過程中產生了斷層，甚至還有基層員工反問：「公司還有價值觀嗎？」這給馬雲帶來了極大的危機感。因此，馬雲把這件事交給HR負責人鄧康明，讓他去搭建阿里的「政委體系」。

阿里的「政委體系」可謂不負眾望，它的建立不僅幫助了業務部門的管理者建設更好的團隊，還透過這一制度體系讓阿里的價值觀一層一層地傳遞下去，讓阿里能夠走得更長久。

了解阿里「政委體系」的起源與作用後，我們來看看「政委體系」的四大核心目標（見表3-1）：

（1）懂業務：讓員工明白業務的流程、目標、方法等內容，和業務經理達成真正的默契。

（2）提效能：幫助各部門員工提升辦公效率，增加各部門的績效與人效產出。

（3）促人才：篩選人才，幫助員工不斷提升自身的能力，促進整個團隊成長。

（4）推文化：一層一層地傳遞公司的價值觀，促使企業文化不斷發展、完善。

表3-1 阿里巴巴政委制度的核心目標

模塊	重點	責任與權力
懂業務	業務場景	・組織會議（團隊協同問題） ・透過組織診斷工具六個盒子，如組織構架、人才梯隊、團隊協同等等，了解業務發展階段和組織痛點
提效能	績效管理	推動績效流程，督促團隊成員遵循271原則
	薪酬福利	參與調研，參與年終獎金、股權分配等等
促人才	人才盤點	圍繞業務目標，進行人才盤點，確定需要招聘的人才類型、員工培訓名單等進行人才梯隊的搭建工作
	篩選人才	在面試人才時有一票否決權，有一定權限和部門一起決定入選者的層級與薪資
	管理提能	梳理團隊的核心能力
	員工培訓	為員工提供業務培訓和業務機會，促使員工成長
	員工晉升	在員工報名前進行甄選評估工作，有現場投票權
推文化	參與戰役	與業務部門共進退，共度618、雙十一、雙十二*等等
	員工關懷	規劃團建活動
	企業文化	・透過獎勵讓員工有歸屬感，如評先進員工，在週年慶、年會和各種節日裡給員工發福利等等 ・透過懲罰讓員工有敬畏心，如違紀員工扣獎金等等

*618源自中國電商京東的創辦日，會在每年6月18日舉辦週年慶活動；雙十一源自阿里巴巴為11月11日光棍節舉辦的年末購物節，雙十二則是因應雙十一迴響熱烈，順勢推出在12月12日舉行的促銷活動。

阿里的「政委」藉由這四個核心目標幫助管理者更有效地進行招聘工作，建設優秀且專業的團隊。這與「HR」有著相似的職責，但實際上又與「HR」有一些區別（見圖3-3）。

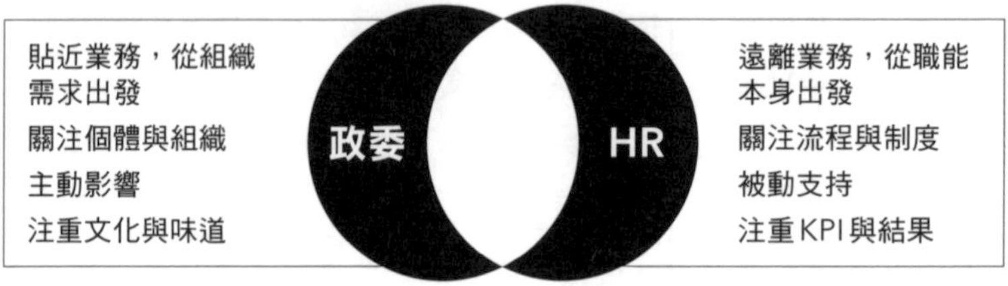
貼近業務，從組織需求出發
關注個體與組織
主動影響
注重文化與味道
政委
HR
遠離業務，從職能本身出發
關注流程與制度
被動支持
注重KPI與結果

圖3-3 政委與「HR」的區別

雖然阿里的「政委」與「HR」有一定區別，但與管理者仍有著密切的聯繫。「政委體系」的組織構架就能體現這一點。阿里的「政委體系」在組織結構上分三層，其中「小政委」為最基層，與初級管理者搭檔；中層為「大政委」，與高級管理者搭檔；最高級為人力資源總監，直接向馬雲匯報工作情況。管理者與「政委」的工作著重點不同，但都是以促進企業的人才發展為共同目標，在工作中他們相輔相成，又相互制衡（見圖3-4）。

在招聘時，管理者會為「政委」提供策略上的幫助和方向上的引導，而「政委」在招聘時有一票否決權，這減少了管理者決策失誤的機率；「政委」注重長期目標，堅持原則和底線，關注價值傳遞與人才培養，可以為管理者提供有遠見的建議；管理者關注業績成果，注重策略的落實，可以為

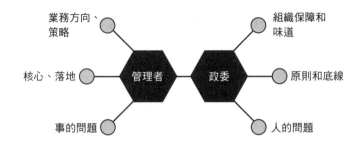

圖3-4 管理者與政委工作的著重點

「政委」提供業務目標實現的具體方法與經驗總結。

　　以上就是阿里「政委」與管理者相互輔助招聘、用人、育才的過程。這套體系雖然對招對人非常有效，但如果企業想要直接複製它的話，也是十分危險。因為阿里的體系適用於自身的業務，是在自己的企業環境中成長出來的。企業不能簡單盲目地模仿，而要去仔細分析，它是如何了解業務、為業務賦能，然後找到一種方法，不停試錯，最後將其靈活地運用到自己的工作中。

　　但無論如何，管理者一定要謹記的是：招聘這件事，從來都不是HR一個人的事，這也是管理者的事。

管理者練習

　　管理者須製作一個創意的招聘文案。

/3.3
從業務戰略開始的人才戰略

確定了招聘理念，知道與HR配合，是不是就能招對人了呢？

創立「知行」時，我明確了自己的招聘理念，也知道招聘是最重要的事。所以，我很重視每一次招聘，但沒想到還是犯了錯。

剛成立不久，我迫不及待地聘用了一名主管，我覺得他一定會很厲害，因為他曾經在世界500強公司工作過，管理過培訓團隊，而且他對於課程設計的理念講得頭頭是道，簡直是我的不二人選。但是，自從他加入團隊，我們很快就意識到，他的執行能力很差——他在大公司待了太長時間，擅長委派工作，親自上手的能力較差。儘管他對這份工作很感興趣，但卻適應不了小的團隊和創業公司的環境。

慶幸的是，我發現問題之後，立刻把他「請」走了。這件事給我一個很大的教訓：可以求賢若渴，但千萬不能迫不及待地把任何人拉入團隊，更不應該忽視考察的過程。即使面試時發現對方看起來很「完美」也不行。

為什麼我會出現這樣的問題呢？究其根本就是因為我不知道自己想要招什麼樣的人。而要明白自己要招什麼樣的

人，必須要認清自己的業務戰略。

一個企業的人才戰略，其關鍵點在於業務戰略。也就是說，只有你的業務戰略清晰，才能決定想要什麼樣的組織結構，以及什麼樣的流程分工，最後再確定人才戰略。

在此，我問管理者幾個問題：

你是否清楚地知道業務團隊的工作方向和目標？

你是否清楚地知道為了實現這個目標，所需要的團隊人才構成方式呢？

你是否清楚地知道實現這個目標所需要的人員素質模型呢？

你是否能清楚地評估現有團隊人員，是否符合你的期望能力呢？

你是否清楚地知道，當團隊成員的能力不夠時，應該怎麼辦呢？

以上五個問題，如果你不能很快地回答，那麼你可能正在面對「不知道自己要招什麼樣的人」的困境，也就是管理者不知道企業的人才戰略是什麼。

這裡所說的人才戰略不僅是談人才的招聘、篩選以及培訓等內容，它有具體的戰略路徑：市場──業務──人才。不同的市場需求會使企業產出不同的業務，而不同的業務對人才有不同的需求。因此人才戰略的重點就是根據市場需求，篩選並培養出與之相符的人才。只有透過這樣的路徑打造出的人才隊伍，才能為公司提供技術與策略上的支持，促

進公司「百尺竿頭更進一步」。在我分析這個關鍵的思路和工具之前，我想先跟大家分享一個案例。

網絡紅人「芙蓉姐姐」，想必大家都不陌生。她在2004年「爆紅」後，備受爭議。後來，她的團隊根據市場需求，為其量身打造了一個「變身」戰略，讓帶有醜角性質的「芙蓉姐姐」搖身一變，成為「勵志女神」。減肥成功的芙蓉姐姐，在2005年獲得了「中國網路的十大傑出紅人獎」，並在同年擔任了中國徐州羽博會的「愛心大使」。對於芙蓉姐姐的轉變，新華網這樣評價：她沒被世俗束縛，沒因侮辱退縮，而是把握住時代的風向標，自信地做自己該做的事。

從「芙蓉姐姐」的例子中，我們可以看見團隊制定的戰略和定位十分重要，特別是把握了「時代風向標」的戰略定位，在關鍵時刻可以讓她打一場漂亮的「翻身仗」。所以，人才戰略對公司或者我們個人而言都至關重要。

那麼，到底什麼是人才戰略呢？

人才戰略就是根據業務戰略目標和組織的關鍵能力，對核心職位人才進行招聘、識別、盤點。這是對人才培養和保留的過程，是對人才進行的一個宏大的、全局性的構想與安排。公司推行的人才戰略，其起點是根據市場需求制定公司戰略與經營目標；確定職位需求，進行人才招聘、評估、培養，制定薪酬和績效等相關計畫。

人才戰略是公司戰略的組成部分，它們具備相同的邏輯內涵。因此制定的人才戰略，一定要與公司的業務戰略匹配，並且要為業務戰略目標服務。

那麼，管理者要如何根據業務戰略來制定人才戰略呢？

具體實施起來有以下三個步驟：

◆ 第一步：明確業務戰略

現實中，很多管理者在制定人才戰略時沒有把握基本思路。我在和企業管理者討論、交流經驗時，經常會有管理者問我：「王老師，您長期從事一些人才戰略的相關工作，那麼您認為我們針對這條業務線制定人才戰略的基本思路應該是什麼？」

對此我給出的回答是：「認清公司的業務戰略後，人才戰略的基本思路就自然湧現了。」

開發日常清潔用品的公司管理者也向我請教過這個問題。我先詢問了他負責的業務線，在未來一至三年的總戰略目標以及目標制定的依據。他的業務戰略總目標是研發並推廣便攜式清潔用品，如沐浴露等等，但由於市場已經接近飽和，無法再繼續拓展業務範圍。而隨著旅遊業的發展，商務出差的需求增加，使市場對便攜式清潔洗滌用品的需求量增加。這一市場需求為他們公司的業務打開了新的突破口，可以成為該公司的增量市場。因此該公司的人才戰略就要圍繞「研發並推廣便攜式清潔用品」這一重點來制定。

將「市場」這一因素融入業務戰略的制定過程中，是一個非常有效的思路。這樣可以及時地根據市場的變化來調整業務，避免公司的業務戰略與實際脫節，出現滯產滯銷的情況。透過靈活的業務戰略制定靈活的人才戰略，可以因時制宜，貼合實際情況。管理者制定業務戰略和人才戰略，實際

上是為了更好地進行業務管理工作。以下是管理者在進行業務管理時須回答的四個問題：

（1）業務的戰略方向對不對？
（2）應該定什麼樣的業務指標？
（3）有沒有合適的人？
（4）人好不好用？

　　管理者藉由回答這四個問題，能夠很快地明白自己在制定戰略時是否出現錯誤與紕漏。確保業務戰略方向的正確，才能安排確切的業務指標，實現利益的最大化。

　　在前兩個問題都確定後，就要開始思考制定人才戰略的兩大問題了，即「有沒有合適的人」和「人好不好用」，這是打造人才供應鏈必不可少的環節，也是制定人才戰略的核心問題。「有沒有合適的人」意味著要回答是否需要招聘新人才，「人好不好用」意味著要回答公司是否招對了人，在人才培養計畫中是否存在方向上的偏離與方法上的錯誤。

　　繼續以上文中提及的開發日常清潔用品的公司為例。在開發新產品線之前，管理者要問自己「有沒有合適的人」，看新產品線是否缺乏必要的、具有組織能力的管理人才，看內部是否有原沐浴露產品線的管理幹部可以轉移過去，是否可以在培訓後快速地接手新產品線的生產活動。在人才轉移的過程中，還要考慮被轉移的人才是否存在價值觀與組織能力上的短處，如果有，那麼他就不能勝任開發新產品線的工作。

如果公司內部沒有這樣的人才，則需要從外界招聘人才。愈屬害的人，其保留人才的成本就愈高，因為公司要向他提供更好的工作待遇與發展前景，才能留住這個人才。

在新產品線開發出來後，就需要考慮「人好不好用」。原沐浴露產品線的規模因市場飽和而不會繼續擴展，不需要太多的人才，這就要管理者進行人才盤點，將沒有創造價值的人裁掉。而新產品線的規模會隨著市場需求的增加而擴大，亟需人才，這需要管理者及時地對招進的人才進行盤點，觀察他們對新產品線的開發是否有促進作用。在確定「人好不好用」的過程中，也可以透過人員調職達到減員增值的目的。

所以，管理者要清楚你的業務原點，然後確定你的組織策略。一個企業業務定位不清晰，可能會在面試時嚇跑真正優秀的人才，即便是人才被「糊弄」進來了，也是留不住的。

🌑 第二步：明確組織結構與流程分工

在梳理清業務戰略後，管理者要思考你的組織結構與流程分工。也就是說，為了完成這樣的業務戰略，需要搭配什麼樣的組織結構和採用什麼樣的流程分工？什麼樣的組織結構可以發揮更大的組織能力？我們的競爭對手採用什麼樣的組織結構？在這樣的組織結構之下，我們的工作流程應該如何切分？職位應該如何分工？

⚫ 第三步：人才盤點

如果將團隊比作一家超市，人才就是其中的貨品。與超市對貨品盤存類似，人才盤點需要弄清楚團隊現在有哪些人，在現在這樣的流程和分工下，人員應該如何配置？需要什麼樣的人？每個職位類別需要多少人？公司內部已經有的人，要如何調度和調配？公司目前空缺的人，需要從哪裡找？是內部培養還是外部招聘？

因此，要把人才像貨品一樣，盤齊、盤活。

人才盤點是確定人才戰略的重要環節，不能只走形式，那樣只是「為盤而盤」，根本沒有任何作用。透過人才盤點，管理者可以發現最具有潛力的人才，了解這些人才在哪些方面存在短處，可以透過培訓讓這些人才快速成長。在了解這些問題後，管理者就可以制定未來半年至一年的人才培養計畫，包括設計領導力培養項目、整個團隊的提升方向等等，為打造一個優秀的團隊打下基礎。

在進行人才盤點時，除了篩選新晉人才，並為其設計培養計畫之外，管理者要從該部門的實際業務情況出發，對核心下屬進行全方位的評估，並為他們提出發展建議與前進方向，協助他們制定提升計畫，讓他們成為公司的儲備力量。這樣的人才盤點流程，實現了新舊人才「兩手抓」，最大程度地加強了管理者對人才的關注，提高了管理者識人用人的能力，並為公司以後的發展儲備了後續力量。

在明白了人才盤點的重要性與作用後，我們還需要了解人才盤點的具體內容，即「盤」的是什麼。

　　人才盤點，就是要盤清楚每個人最適合的位置，建立各級人才庫，阿里這一點就做得很好。馬雲一般是在各級管理者輪職一圈後的年末或者年初，進行人才盤點，然後根據盤點結果制定工作安排計畫。例如在2012至2013年的人才盤點大會結束後，阿里組織部的20多名管理者被調職，這是馬雲進行人才盤點後的結果。

　　阿里的各級管理者可以在輪職的過程中不斷學習、積累經驗，體驗不同的工作內容。這不僅有助於各級管理者了解自身的短處，還可以讓馬雲根據每個人的優勢安排適合他們的職位，為他們量身打造符合個性的發展與激勵計畫。阿里藉由人才盤點建立的人才庫，如同蓄水池一樣，不停地流動，這樣可以不斷地激發人才的活力。

　　進行人才盤點後，還需要覆盤[*]。覆盤是為了檢查前期問題的解決情況以及上期計畫的效果。這樣年年盤點、次次覆盤，才能為公司篩選出真正的管理人才，為公司打造一條歷久不衰、充滿活力的人才供應鏈。

　　人才盤點需要HR與管理者合作，HR主要是確定流程，而管理者主要是敲定最終的人才管理計畫。雙方齊力共同推進公司的人才隊伍建設進程。

　　這三步走完，隨著業務戰略愈來愈清晰，你的人才戰略也就愈來愈清晰，你就會知道什麼樣的人更適合你的團隊。一個好的管理者要想吸引來真正優秀的人才，離不開對業務戰略的深刻把握。

＊　為棋類術語，指對弈結束後重新把過程演練一遍，分析其優劣。在企業管理中，延伸指稱從過往經驗中學習，改善績效。

基於通用素質的人才隊伍建設已經無法滿足當下的業務發展要求，人才管理必須回歸「人才支持業務」的初心。用「從業務戰略開始的人才戰略」，從阿里以往的實踐來看，這是一條切實有效且具可操作性的戰略性人才管理實現路徑。

管理者練習

下面是某企業業務戰略目標和戰略目標實現舉措，管理者要根據其業務戰略目標和舉措，思考其人才戰略。

某企業業務戰略目標：
2019年營業額達到1000億港幣，簽約額達到1000億元人民幣；未來五年，擴大B產品線的規模，實現企業淨利潤進入行業前三的目標。

某企業戰略目標實現舉措：
將產品推入更多的二三線城市；增強原油優勢產品的創新能力；逐步淘汰產能過剩的產品線。

人才戰略（管理者的思考）：
1. 在實現業務戰略的過程中，對人才的數量與質量方面有哪些需求？
2. 如何招對人？如何保證人才的數量與質量？

Chapter 4

招聘四步曲：選擇大於培養

「團隊一定不能找最好的人，但是要找最合適的人。把平凡
的人打造成最合適的人，才能成就不平凡。」

—— 馬雲

招聘第一步：聞味道
──價值觀是否匹配

　　馬雲經常說，每個公司都有自己的味道，看人一定要「聞味道」。所以，阿里招聘的第一步就是「聞味道」。

　　說到這裡，可能了解阿里「管理三板斧」的人會問：阿里「中層管理三板斧」介紹的「聞味道」，與招聘階段的「聞味道」一樣嗎？

　　招聘階段的「聞味道」與阿里「中層管理三板斧」介紹的「聞味道」有著大同小異之處。相同的是兩者都有看人、識人之意。招聘「聞味道」具體是指，看看前來面試的人與自己的團隊、管理者本人、企業是不是同一類人，是否有著相同的價值觀。因為人的分類沒有對錯，錯的是把不同類的人放在一起。只有志趣相投，才能形成真正的「鐵血團隊」。

　　不同的是，招聘的「聞味道」說的是管理者對於前來面試的人，針對的目標人群是應聘者；而阿里「中層管理三板斧」介紹的「聞味道」考驗的是管理者的判斷力和敏感力，修煉的是心力。

⚙ 「聞味道」是阿里重要的人才選拔準則

「聞味道」這個詞在外人看來挺抽象的，但在阿里，它是重要的人才選拔準則。

馬雲被公認為是成功的管理者，但他在管理時也犯過錯，走過不少彎路。人才對於馬雲來說，是實現「將阿里打造成全球頂尖公司」這一夢想必不可少的因素。阿里在2000年透過努力終於獲得了軟銀（SoftBank）的投資，因業務需求，馬雲求賢若渴，到處搜羅名校畢業及在世界500強企業工作過的人才。只要技能水準夠硬，就能到阿里工作。

這種人才選拔的方式在一年後慢慢顯現出弊端，這些高端人才並沒有給阿里帶來全新的變化，相反還慢慢腐蝕了阿里的價值觀與企業文化。這些人認為公司的高技能人員有很多，不需要自己勞心勞力，因此喪失了進取心，不願為公司付出，拿著高薪卻不辦事。

馬雲在發現這些問題後，立即辭退了這些人，並反思自己的行為。他認知到只要付出高於市面薪資水準的酬勞就可以招到業務能力強的人才，而阿里需要的不僅是高技能人才，更是能夠給公司帶來長遠發展的人才。因此在招聘人才時，不能忽視非技能因素。此後，從保全到銷售人員，都是馬雲親自面試，他不僅會考察他們的技能水準，還會去考察他們的品質與潛在能力。正是如此，才誕生出了純粹的阿里文化與價值觀。

原阿里執行副總裁衛哲為馬雲走的彎路做出了最終總結：過度地強調技能，忽略非技能因素。這是跨國公司經常

犯的錯誤。阿里也犯過，不過糾正得快，非常堅決。

　　一個配合已久、默契十足並且價值觀相似的團隊對一個企業的發展十分重要。如果將企業比作一棵大樹，那麼這樣的團隊就是樹幹，實現目標的能力、路徑、方法等就是樹葉。樹葉掉了，還可以重新長出來，但如果樹幹枯死，整個企業將無法存在。馬雲正是認識到了這一點，才開始用「聞味道」的方式去選拔人才。

　　阿里的「聞味道」就是先了解主體團隊的人員究竟是什麼樣的人，然後再藉由這一特徵找尋那些具有潛能並能與其團隊同甘共苦、共同奮鬥的人才。換言之就是尋找氣味相投的人。這樣建立起來的團隊才能一條心，經得起磨煉。

　　「聞味道」時不能太看重求職者的簡歷，否則，在招聘時就有可能出現這種情況：有兩位求職者，都是名校畢業，工作經驗也相似，業務能力都很強。但在他們進入公司工作後，在抗壓能力、工作投入、責任感等眾多方面的表現明顯不同。顯然，對工作更加投入、對團隊有責任感、對公司有使命感的人能更好地融入團隊，更適合這份工作。

　　例如阿里在招聘時，會透過問「你喜歡什麼樣的工作氛圍」、「什麼樣的事情會給你帶來巨大的壓力」等與技能水準無關的問題，來判斷求職者的「氣味」。依靠這樣的方式，阿里招了一批吃苦耐勞、能共進退且有使命感的儲備人才，打造出了具有阿里特色的鐵軍文化。

　　阿里的面試官除了「政委」與各級管理者之外，還有一個「聞味官」，專門來判斷求職者的「氣味」是否能與團隊其他成員相融。「聞味官」不是隨便一個人就能勝任的職位，

只有在阿里工作五年以上的老員工才有資格，他可以不具備招聘的專業知識，但一定要懂得聊天。例如在招聘櫃檯接待員時，普通公司是讓接待能力十分強的行政經理去面試，但阿里可能會讓一個沒有任何櫃檯接待經驗的人作為「聞味官」去面試。

出現這種情況是因為「聞味官」不需要考察求職者的知識與技術水準，面試過程也就是與求職者聊生活、家庭、熱門時事等話題，全方位了解求職者的心態、責任感、使命感等等，從而判斷該求職者是否適合進入阿里工作。

不注重「聞氣味」，可能會給團隊帶來負面影響。一個團隊就像是一瓶香水，如果這瓶香水本來就是由梔子花、橘子等調製出來的淡雅型香水，突然被加入了花露水，就會破壞原本淡雅的香味，並使香味變得刺鼻。那些「氣味」不一樣的人就像是花露水，本身的能力很強，但不能融入團隊，反而會降低團隊的工作效率，很可能會給公司造成損失。

我替很多管理者上過課，也遇見過許多因不重視「聞味道」而招錯人的管理者。有一個創業公司的管理者就曾犯過這種錯誤，也跟我分享了他自己的故事。

那是在 2018 年春節後，各個公司基本上都進入了招聘高峰期。他面試了一個從國企出來的專案經理，看中了該求職者的管理經驗，於是聘請這位求職者為公司的業務經理。結果雙方因為管理理念不同，合作得很痛苦，最後不歡而散。

其實他們兩人的管理理念都沒有錯，且都是想讓公司得到更好的發展，但他們的觀念有分歧。兩人不是同一類人，每天在一起工作，心情不好便會牽動著彼此效率下降。在我

看來一拍兩散是必然結果。

正所謂「不是一家人，不進一家門」，對於公司來說也是如此。怕的就是，需要接地氣做業務的公司招了一批講格調的「小清新」，而需要做產品體驗感的公司招了一批「泥腿子」。

所以，在招聘時，「聞味道」很重要。

愈是創業型企業，愈應該招聘和自己的企業「味道」相近的人。因為初創企業一開始可能沒有能力招聘很多人才，也沒有能力招聘技能頂尖的人才，但是可以招聘和自己味道相近的人才。企業能否走得更遠，團隊人心凝聚在一起比個體能力強更重要。

✿ 「聞味道」就是判斷價值觀

既然「聞味道」對招對人如此重要，那麼管理者要怎麼「聞味道」呢？

事實上，每個企業都有自己的「味道」，阿里希望管理者在招聘環節中可以「聞新人的味道」，確保他們在未來接受阿里文化的過程中能夠感受到阿里是一家與其自身屬性、追求和價值觀一致的企業。

所以，管理者在「聞味道」時，「聞」的就是價值觀。看對方的價值觀是否與企業、團隊相符。

在阿里，企業的價值觀和人才的價值觀能否匹配是影響人才招聘的首要因素。阿里為了保證企業的使命、願景和價值觀能夠最終落實到每一位員工身上，在實施人才招聘時，

不僅要考慮人才在素質、知識、能力、經驗和職位需求的匹配程度，還要觀察候選人的個性、價值觀和個人追求是否與阿里的理念相匹配。圖4-1是阿里的價值觀。

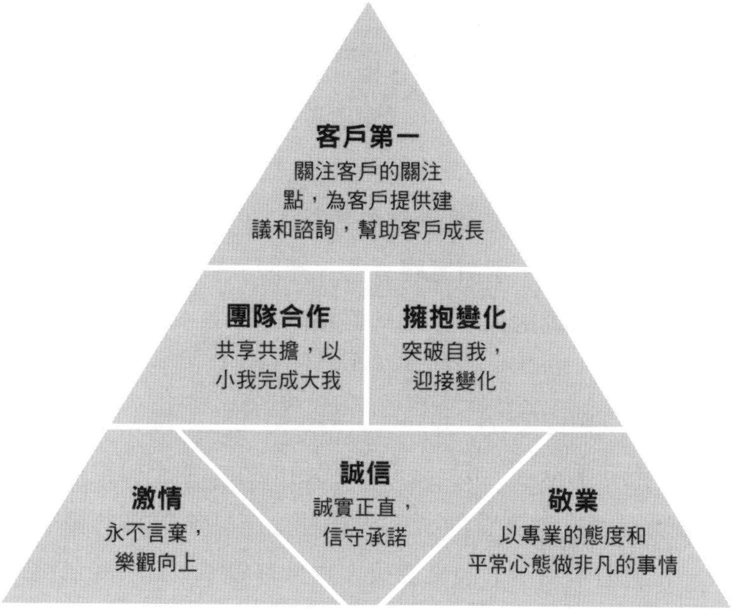

客戶第一
關注客戶的關注點，為客戶提供建議和諮詢，幫助客戶成長

團隊合作
共享共擔，以小我完成大我

擁抱變化
突破自我，迎接變化

激情
永不言棄，樂觀向上

誠信
誠實正直，信守承諾

敬業
以專業的態度和平常心態做非凡的事情

圖4-1 阿里的價值觀

　　就像婚姻中兩個人需要有相似的價值觀與生活理念才能一起過日子一樣，管理者招聘也是類似的道理，不僅要對人才的能力、知識以及與職位的匹配度進行考察，還要考慮其價值觀、個人追求方向是否與企業一致，這樣才能擁有愉快的心情，共同「過好日子」。

　　馬雲認為價值觀具有十分強大的力量。只有員工對公司的

價值觀認同並適應公司的企業文化，他們才會將工作當成自己的事業，從而全身心投入到事業的奮鬥中，樂於為公司奉獻。

很多管理者都明白這個道理，但在實踐中，往往被面試者身上的光環遮住了眼。比如學歷、工作經驗、性格等等。大多數時候，面試時間只有短短的半小時，甚至有的只有幾分鐘，然後就決定面試結果。在這樣短暫的時間裡根本不可能真正地全方位了解一個人。所以，當面試者擁有很多光環的時候，管理者往往很容易被突如其來的興奮沖昏了頭腦，降低原有的錄用標準，忽略了他的價值觀是否與企業相匹配。

作為管理者，**別被應聘者的「光環」影響了你的判斷。只有價值觀相同的人，才能一路相伴走下去。**當褪去了所有的光環之後，我們再重新審視眼前的候選人，他真的就是我們想要的那個能與公司共同成長的風雨同路人嗎？

「亂花漸欲迷人眼」，形形色色的標準並不會提高招對人的概率，只會讓管理者陷入迷茫。在透過實踐的檢驗之後，才會發現用價值觀來選拔人才最有效率，且會降低錄用的風險。例如劉備選擇諸葛亮，不僅是因為諸葛亮有「上知天文，下知地理」之才，更是因為諸葛亮有「匡扶漢室」之志，這與劉備不謀而合。當今的管理者也應該借鑑古人「知人善用」與「同道而謀」的智慧。

不僅是管理者，人才在選擇公司時也會將價值觀擺在第一位，與哪個公司的價值觀匹配度更高，他就更願意去哪個公司。如今，隨著生活水準的提高，「90後」和「00後」在求職時，薪資水準不再是首要因素，他們更加注重精神與心理上的滿足感。

綜上所述，管理者在招聘篩選人才時，不僅要考察求職者的學歷、經驗等硬實力，也要更多地考察他們的素質、價值觀等軟實力。善於運用「價值觀」來鑑別人才，不僅能區分優秀與平庸，更決定了公司未來的價值觀走向。

✪ 人才價值觀三問

那麼，管理者招聘時到底要如何考察價值觀呢？明明面試的時候聊得很投機，為什麼人招進來後卻不像他曾說的那樣呢？這是管理者常有的困惑。

有時候，管理者會覺得在招聘時與面試者談人生、談理想時有許多共同的觀點，就可以證明這位求職者的價值觀與公司的價值觀相符了，這其實是相當片面且不準確的。

價值觀雖然是一種觀點、一種態度，但觀點和態度最終影響的是一個人的行為。當一個人持有某種價值觀，他一定會體現出長期且頻繁的相關行為。

例如管理者在面試時，問求職者：「你喜歡加班嗎？」這個人可能會為了獲得這個機會，而隱瞞真實想法，並明確地表達出「加班使我快樂」的觀點。

這種浮於表面的想法與觀點並不能代表一個人的價值觀，而行動是由價值觀直接延伸出來的，最能代表一個人的價值觀，這也是大部分公司設置實習期的原因。除了實習期外，管理者要怎樣做才能快速地判斷求職者的價值觀是否與公司相符呢？下面，我用一個客戶公司的真實例子，來具體說說怎麼面試。

這是一家廣告設計公司。有一段時間，公司為了擴大業務，準備招聘三位優秀的設計師。

該公司的價值觀中有兩點內容非常重要：其一為從真實存在的客戶洞察出發，沒有多餘的修飾，不為了創新而創新，不為了風格而風格；其二為團隊之間、團隊和客戶之間，有什麼想法都能說。

從這兩點出發，管理者可以設計以下問題來面試求職的設計師：

1. 你最喜歡的廣告作品是什麼？你喜歡它的原因是什麼？（了解設計師的設計偏好與設計理念）
2. 你能分享一下自己設計過的優秀作品嗎？（考察設計師的專業技能水準）
3. 你是怎麼設計出這個作品的？（了解該設計師設計作品時是否洞察客戶的需求點）
4. 你是如何洞察客戶的痛點與需求點的？（判斷設計師的客戶洞察是否真實有效）
5. 在設計過程中你遇過哪些難題？是如何解決的？（考察設計師解決問題的能力與抗壓能力）
6. 在設計過程中你做過哪些取捨或決定？（判斷設計師在設計作品時是否有多餘的修飾，是否使作品內容全而不精，是否會為了作品的完整性而降低客戶的滿意度）
7. 你在設計作品前會和團隊討論設計內容嗎？你們在設計內容上有不同的觀點嗎？（考察設計師的

CH
4

招聘四步曲：選擇大於培養

　　團隊寫作能力和團隊溝通能力）

　8.你設計的作品是否得到了客戶的好評？（從結果
　　方面判斷設計師的客戶洞察是否真實有效）

　　管理者將所有應聘設計師的回答蒐集整理成文件，並在上面批注了自己的觀察結果。最終，在管理者的努力下，公司招聘了三位優秀的設計師，並順利擴大了業務範圍。

　　藉由這個例子，我們可以了解對面試問題的設計應該是建立在價值觀基礎上的，透過對求職者的行為進行考察，招聘到最合適公司的人才。

　　在設計面試問題時，我們還可以加入一些比較尖銳的問題或者具體場景，讓面試問題更具有話題性。利用尖銳問題與特殊的場景製造想法與觀念上的刺激，從而引出求職者最真實、能表現其價值觀的觀念與想法。例如直接讓一位客戶參與面試過程，直接評價設計師的作品，然後再讓設計師進行自我評價。

　　總之，管理者在設計有關應聘者價值觀的問題時，要設計一些開放性的問題。比如，你招聘的職位特別需要員工能吃苦。如果你簡單明瞭地提問：你能吃苦嗎？相信沒有人會告訴你他不能。但如果你換了一種方式去提問：你所經歷過的最苦的事是什麼？相信依據他的回答，就能判斷他吃苦的能力究竟怎麼樣。具體應如何設計問題，管理者可以參考下面的表4-1「奠基於價值觀的面試問題示例表」。

最後，我要特別提醒管理者的是：**不要奢望招一個價值觀不符的人進來再改變他，你想改變一個人的價值觀是「難於上青天」的事。**

表4-1 奠基於價值觀的面試問題示例

類型	問題		紅牌警示（危險信號）
責任	1. 描述一次你的團隊沒有按時完成計畫的經歷。如果讓你再擁有一次機會，你會有哪些不一樣的做法？ 2. 如果你不得不和一個與你相處不好的人一起工作，你會怎麼做？	不能支持自己的論點	在面試過程中，大多數求職者會聲稱自己是「優秀的團隊工作者」，或者擁有「高尚的職業道德」。但是如果他們不能給你舉例證明，那麼他們可能只是用浮於表面的話來打動你。
社會責任感	1. 如何在保持低成本與對產品進行全面的質量控制之間保持平衡？ 2. 你建議採取哪些公司政策使我們的業務更環保？你如何確保員工能理解和應用這些指導方針？	價值觀與職位要求不符	通權達變的員工可能非常適合尋求吸引新客戶的產品開發或行銷的團隊。但是，他們可能很難保留在流程驅動的公司或團隊中。
創新	1. 描述一次你遇到的技術問題並且你的常規故障排除方法不起作用的情況。這時，你是如何處理的？ 2. 你能舉出一個好的產品設計嗎？什麼特點使這個產品與眾不同？	難以適應	新員工可以（嘗試）適應新的工作方式，只要他們願意這樣做。但如果他們有強烈的意見，不符合企業的核心價值觀，這將不利於未來合作。

類型	問題	紅牌警示（危險信號）
以顧客為導向	1. 描述一次你設法讓一個憤怒的顧客冷靜的經歷。你是如何設法保持專業性並處理他們的投訴？ 2. 當你的輪班正好結束時，你將如何回覆進入商店或打電話的顧客？	傲慢的態度	求職者若對批評表現出消極或展現出專橫的態度，便是自己價值觀優先於別人價值觀的標誌。這些人可能長期不遵守公司的政策。

管理者練習

案例：

那天我去一家著名的IT公司應聘，經過人力資源部的面試後，被告知××時間去複試，我按時到了這家公司，問了七、八個人，才找到了我要找的部門。

我進來的時候，身穿運動服的李經理正在和一個員工談話，我站著足足等了二十分鐘，李經理解釋說業務非常忙讓我先到會議室等候，他去列印簡歷後馬上抽出時間與我交談。

在交談的過程中，李經理桌上的電話不時響起：有人告訴李經理缺少某種素材，要求盡快補齊；有人通知李經理下午有個會很重要，千萬要參加……他的祕書又拿來一疊單子讓他簽字。我們的談話不時被中斷，再加上外面貨車走過發出轟隆隆的聲音，我變得心煩意亂，想盡快結束這場斷斷續續的面談……

面談過程中，部門經理還直接問我是否結婚，説此工作需要經常出差，若是結婚或正在備孕的人就不考慮了。

15分鐘交談結束後，他當場明確表示我通過面試的希望不大，並告知我以後公司若有職位再考慮我。

討論：

以上內容中，部門經理有哪些問題？部門經理的行為表現給應聘人員留下了什麼樣的印象？會給公司帶來什麼影響？你若是管理者你會怎麼做？

/4.2/
招聘第二步：明確人才觀
——我們需要什麼樣的人

所謂「大道至簡，知易行難」，明確人才觀是每個管理者的必修課，也是招聘的第二步。這個過程不僅是管理者明確企業文化的過程，也是保障真正優秀的人才能在公司的文化土壤中活下來的核心階段。

「阿里需要的究竟是什麼樣的人，這是我們一直思考的問題。」這句話出自曾任阿里集團市場部和服務部副總裁、首席人力資源官、阿里巴巴集團首席人才官（CPO）彭蕾之口。她是最熟悉阿里需要什麼樣人才的人，同時也是最會「看人」的人，一手締造了阿里雲的王堅博士就是彭蕾親自招進來的。

🌐 阿里的人才觀

那麼，阿里風雨二十年，又是如何沉澱和精簡自己「人才觀」的呢？

在阿里文化中，有一句「土話」叫「平凡人做非凡事」。後來隨著阿里業務愈來愈複雜，外面的環境愈來愈嚴峻，阿

里人把這句話改成了「非凡人、平凡心，做非凡事」。「非凡人」，並不是說在名牌大學畢業、有輝煌經歷的人。而是指在做一件非凡事的時候，可以有「屌絲*心態」，但是不能有「屌絲能力」。阿里人的能力必須在更高的水準，但同時阿里人的心態還得要踏實。

「非凡人」就是阿里的人才觀，總結起來，只有四個詞、八個字，即聰明、樂觀、皮實、反省（見圖4-2）。

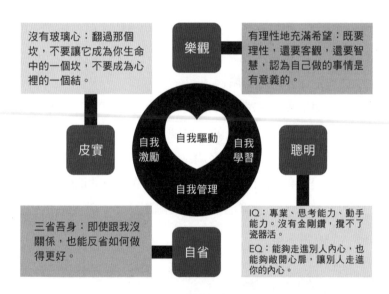

沒有玻璃心：翻過那個坎，不要讓它成為你生命中的一個坎，不要成為心裡的一個結。

樂觀

有理性地充滿希望：既要理性，還要客觀，還要智慧，認為自己做的事情是有意義的。

皮實

自我激勵　自我驅動　自我學習

自我管理

聰明

三省吾身：即使跟我沒關係，也能反省如何做得更好。

自省

IQ：專業、思考能力、動手能力。沒有金剛鑽，攬不了瓷器活。
EQ：能夠走進別人內心，也能夠敞開心扉，讓別人走進你的內心。

圖4-2 阿里的人才觀

---

* 源自中國網路用語，形容出身卑微、生活不盡如人意的年輕人。

① 聰明：智商＋情商

如今的時代發展愈來愈快，若想成為能真正「擁抱變化」的阿里人，就要能駕馭住變化。適應變化和駕馭變化是兩種截然不同的狀態，本質上是被動和主動的區別。駕馭變化，要求主動去適應變化、接受變化，進而掌握主動權，做出一些創新和改變。而要做這些，就需要「聰明」的人。「聰明」有兩個層面的解釋：

第一個層面是智商（IQ）。這個人在專業能力、專業知識上必須有「兩把刷子」，否則一切都是空談。所謂「沒有金剛鑽，攬不了瓷器活」大概就是這個意思。

第二個層面是情商（EQ）。管理者不要片面地理解情商就是見風使舵、察言觀色。阿里對情商的定義是：不僅要能管理好自己的情緒，還要能走入別人的內心。同時，這個人要做到敞開心扉、簡單開放、坦誠，不會拒人於千里之外。

在阿里，每個團隊經常會定期、定時舉辦「裸心會」，每個小團隊（七至十人）圍坐在一起，把自己的心事開誠布公地講出來。讓人感到不可思議的是，每次做完「裸心會」，團隊變得更有凝聚力，大家能彼此理解，感同身受。

② 皮實：經得起「棒殺」和「捧殺」

所謂「皮實」，就是抗擊打能力、抗挫折能力，經得起折騰，這個「折騰」是什麼意思呢？就是這個人不但要經得起「棒殺」，還要經得起「捧殺」。

阿里最開始講「皮實」的時候，很多人把它理解為要經得起捶打、經得起鍛煉。「天將降大任於斯人也，必先苦其

心志，勞其筋骨」，這確實是「皮實」的一種表現。但還有一種是「捧殺」，很多阿里人在做出成績後，會受到團隊成員的崇拜和管理者的表揚，這時得要求員工能夠保持平和的心態，不被勝利沖昏頭腦，經得起「捧殺」。

「皮實」的反義詞是「玻璃心」。比如，管理者覺得他的文案寫得不對，反覆地讓他寫了三、四次後，他就開始掉眼淚，這種情況很讓管理者頭痛。所以，管理者在招聘的時候，要對這個人的心理素質進行考察，考察的維度就是經得起「棒殺」和「捧殺」。

事實上，「皮實」的意思，按我的理解，就是這個人要寵辱不驚。比如，我在天津地區做管理者的時候，因為招的人大多是業務員，業務員一定要有「皮實」的特質，因為他既要承受跑十次客戶不能簽單的挫敗感，又要處理好達到目標被團隊賦予榮譽時的興奮感。

不管別人如何羞辱你、讚揚你，你都內心堅定，坦然處之，這才是一個人「皮實」的真正狀態。

③ 樂觀：對生活保持開放的好奇心和樂趣

樂觀說的是這個人既要對未來充滿希望，還要有智慧。阿里對樂觀的定義是：在充分客觀理性地了解當下的真實情況後，仍然充滿了好奇心和樂觀向上的精神。

阿里在1999年還處於創業階段，為了找到融資，團隊成員煞費苦心。有一次，馬雲從外面找融資回來，進門後雲淡風輕地對他的團隊說：「我又拒絕了矽谷的第37次風險投資。」事實上，這是他們第37次被人拒絕。馬雲的這份樂

觀，這份永遠懷著希望的赤城之心，是每一位管理者都要學習的。

作為管理者，千萬不要忽視一個悲觀者帶給團隊的影響。一個悲觀的人，不管你跟他說什麼，他都會先把困難擺出來，告訴你要達到這個目標是不可能的事。甚至有的悲觀者，會在團隊裡散播負能量，影響其他成員的情緒。這樣的人是團隊的「蛀蟲」，管理者在招聘時，一定要慎重考察。

而樂觀的人就不一樣，他會對目標充滿希望，相信自己、相信團隊可以達成目標。即使在別人認為這個目標不可能實現的時候，他也覺得「我可以再努力一下」、「我可以再加把勁」，這樣的人，會讓整個團隊充滿活力。

管理者在招聘時，一定要懂得透過設計一些問題來判斷這個人是否具有樂觀精神。要知道，招進一個樂觀的人，猶如把一顆太陽放在了你的團隊，他可能會使你的整個團隊充滿活力和激情。

④ 自省：自我反省

曾子說：「吾日三省吾身。」反省猶如金子一樣珍貴，這對員工成長很有價值。不僅個人需要自省，組織同樣需要具備自省力。馬雲的花名叫「風清揚」，辦公室名叫「思過涯」，他時刻提醒自己要自省。

仔細觀察，你會發現在團隊裡，經常會出現一種「永遠對」的人。不管你和他說什麼，他都覺得自己是對的，不會反省自己，這樣會逐漸喪失了自我感知的能力。

事實上，一個人不管做得多好，都要經常反省：我還有哪些地方沒做好？我還有哪些地方可以改進？

在阿里，每年都會做Review覆盤，也就是績效面談。這個面談不是一對一的形式，而是團隊一起面談，怎麼談呢？一個人先講自己的問題，這一年自己有哪些方面做得好，哪些方面做得不好。講完之後，每個團隊成員再給他回饋，比如我覺得你哪裡說得對，你做得不對的地方是什麼，你這一年做得怎麼樣，你一年是3.5分還是3.75分等等。

這是一個殘酷的過程，我的團隊每年都會做，而且我會當著這十幾人的面告訴員工：「你是3.5分、你是3.25分、你沒有達到我的期望。」這個過程對我而言確實很有挑戰性，但也不能逃避。

在阿里，自省不是方法論，而是行動和機制，用阿里的「土話」說就是「**使我痛苦的必定使我成長**」。

以上就是阿里的人才觀——聰明、皮實、樂觀、自省。那麼，阿里的人才觀是否可以被管理者拿來即用呢？我認為，「人才觀」不僅體現了一個企業的文化，同時也是選才的原則，需要結合你所在的行業、職位等來具體明確地訂定之。所以，阿里的人才觀，管理者可以參考借鑑，但不可完全搬抄。

介紹了阿里的人才觀，那麼，人才觀到底是怎麼來的？

一個企業的人才觀，是在一個企業的業務、文化、環境綜合作用下一點點「長」出來的。如果你問我有沒有快捷的方式，可以迅速地總結出自己公司的人才觀，我會肯定地告訴你：這條路沒有捷徑可走。

　　明確人才觀是每個管理者的必修課，要持續認知，持續精煉之。

管理者練習

請管理者做「知己知彼」六問：

知己：

1. 我們的業務規劃需要多少人？何時進入？（節奏）
2. 我們需要什麼樣的人？（標準）
3. 我們的優勢是什麼？（賣點）

知彼：

1. 年輕人有什麼樣的特點？（客戶特點）
2. 年輕人有哪些需求？
3. 年輕人最關心的是什麼？（客戶需求）

/4.3/
招聘第三步：設置員工畫像
——北斗七星選人法

明確人才觀的企業，才能準確地發現人才。比如阿里，很清楚自己想要什麼樣的人，即符合阿里價值觀的人。

那麼，是不是有了人才觀以後，管理者就能招到對的人呢？

明確人才觀以後，接下來進入招人第三步：設置員工畫像。

在阿里，管理者會對每一個職位做人才畫像。比如下面是我所在的大區給銷售人員做的人才畫像冰山圖（見圖4-3）。

冰山上面，是管理者一眼就能看到的：知識、行為、技能。這些管理者可以以藉由學歷、學校、從業經歷、職位等看出來。

冰山下面，是管理者不能直接看出來的：態度、價值觀、角色、個性品質、自我形象、內驅力。這些需要管理者在面試時，透過設計問題來了解。

那麼，什麼是人才畫像呢？

通俗地說，就是管理者能夠把你需要的招聘者特徵描述出來。

管理者之所以做人才畫像，目的不外乎以下幾個：

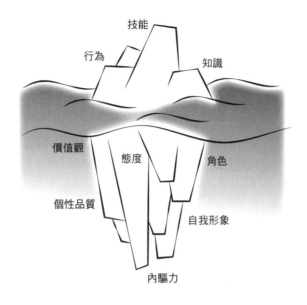

圖4-3 阿里天津大區銷售人員的人才畫像冰山圖

· 幫助管理者了解各職位的具體人才需求，並根據
　這些需求建立人才素質模型，為招聘工作提供參
　考數據。

· 幫助管理者根據人才需求，選擇合適的招聘管
　道，縮短招聘時間，節約招聘成本，解決招聘難
　的問題。

· 為管理者在招聘人才和人才管理等方面提供決策
　依據。

· 為管理者制定人才培訓計畫參考依據，促進公司
　新進人才的發展。

・為管理者制定考核標準及薪酬模型等提供具體的
　衡量指標。

關於「人才畫像」的理論不多解釋，直接進入正題：如
何設置人才畫像？

☯ 「北斗七星」選人法

關於招聘，上文我介紹的內容大多是理念，也就是著重
講道的層面。而招聘第三步，要落到具體的實踐層面，從術
的層面來分享打造阿里鐵軍的一大利器——「北斗七星」選
人法也是阿里專門針對銷售人員做的人才畫像。

「北斗七星」顧名思義，是由七個關鍵詞，在三個能力
層面和一個底層要求的基礎上構建而成的。

① 「北斗七星」選人法的構成形式

在「北斗七星」的構成中，金字塔的最底層是最重要的
關鍵詞「誠信」。誠信是價值觀，是完成各項工作的底層保
障（見圖4-4）。值得注意的是，誠信也是需要修煉的。

「誠信」上面的一層是驅動力，驅動力中有三個關鍵詞
「要性」、「喜歡做銷售」、「目標忠誠度」；再往上一層是個
性特徵，包含了兩個關鍵詞「又猛又持久」和「OPEN」；再
往上，就是最頂端的一層能力，這層的關鍵詞就是「悟性」。

這就是「北斗七星」的金字塔構成。

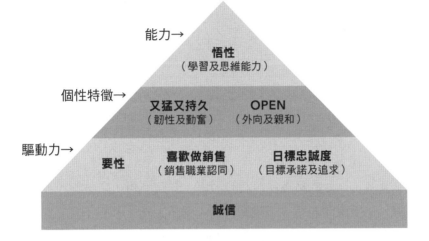

圖4-4 「北斗七星」的構成

② 七個關鍵詞的含義

了解了其架構，接下來，我們來看看這七個關鍵詞分別都代表著什麼？

誠信：「誠」就是指「真誠之心」，「信」可以理解為不欺騙他人。誠信是一個既針對自己也針對他人的行為，即對管理者自身來說，要保證自己真誠，做到心胸坦蕩、清正廉潔，真心對待他人。

心胸坦蕩之人，其包容性與接納性更強，能夠更快地適應企業的文化與價值觀，更快地融入團隊。在工作中更願意接受他人的意見與建議，會正確地對待他人的批評，不會因想法上的分歧而給其他成員帶來負面影響。

清正廉潔之人，其心胸必然坦蕩，這樣的人在做事待人

方面極有原則與底線，對公司的發展有著正面的引導作用。如果一個公司出現了不廉潔之人，很可能是制度上存在漏洞，或者是管理者沒有招對人，在考察時沒有發現這個人的缺點。

以上兩點就是阿里對誠信的定義。除此之外，阿里還要求員工在待人處事時要做到誠信。「言必行，行必果」是最重要也是最基礎的要求——對待客戶，不能只給他們「空頭支票」，而是要落實他們的需求；對待同事，要做到不欺騙，在出現問題時，不推卸責任；對待上司，不卑不亢，要量力而為，不要為了得到上司的賞識而承諾自己辦不到的事情；在與他人交流溝通時，要做到「直言有諱」，即在講實話的前提下，還要考慮他人的心情，這樣可以在一定程度上促進團隊的團結。當然這裡的「直言有諱」並不是巧言令色，「見人說人話，見鬼說鬼話」只會適得其反。

上述要求不僅是對員工的要求，也是對管理者的要求。管理者是一個團隊的「領頭羊」，對其他員工起著表率作用，這就是上行下效。如果連管理者都不誠信，言行不一致，那會帶壞整個團隊的氛圍。

要性：一個人要有自我成長和事業成功方面的目標。

目標忠誠度：設置具有挑戰性和可行性的短期和長期目標，保持對目標的忠誠和專注，透過踏實工作實現目標。

喜歡做銷售：管理者在招聘銷售職位的員工時，這個人要認為銷售工作有意義、有價值，對銷售工作感興趣並願意從事銷售工作。當然，如果你招聘的是文案一職，那麼同樣地，這個人必須要「喜歡寫文案」。

　　阿里認為，同時具備「要性」、「目標忠誠度」、「喜歡做銷售」這三點才能激發一個銷售人員足夠的驅動力。

　　又猛又持久：這是阿里的「土話」，意思是說這個人要具有吃苦耐勞、勤奮務實的品質，同時抗壓性強，能樂觀面對挫折和困難；善於控制情緒，保持積極心態。

　　馬雲曾說：「阿里巴巴要做到既有烏龜的耐力，又有兔子的速度。」這句話是對這一關鍵詞最好的解釋。耐力一詞包含許多含義，比如能吃苦、抗壓能力強、有毅力能夠抵抗誘惑等等。這樣的人把困難當作「磨刀石」，把誘惑當成機會，能夠憑藉自己的決心，快速地成長，做到常人不能做到的事。而使命感與責任心是構成他們決心的重要因素，促使他們可以「又猛又持久」。

　　OPEN：人要易於相處，能夠與客戶、團隊成員、領導者和諧地交往，建立良好的人際關係。

　　建立和諧的人際關係、營造開放的組織環境對團隊來說十分重要。這一點在《原則》（*Principles*）一書中也有體現。作者在書中表明，管理者要做到這一點，不能「獨裁專政」，也不能太過依賴員工的想法，而要用開放的心態去處理。

　　悟性：什麼是悟性？悟性是指一個人的學習及思維能力，在工作的過程中，能對工作知識不斷吸收、歸納、演繹和遷移，並最終拿結果說話。

　　透過以上對「北斗七星」七個關鍵詞的描述，我們可以清晰地看出：阿里對於一個職位的人才畫像是非常清晰的。然而令我感到遺憾的是，在我服務的企業裡（特別是中小企業），大多數都沒有設計自己的人才畫像。所以，管理者在

招聘時，要向阿里學習，設計好人才畫像，讓招聘的工作兼顧道和術的層面。

藉由人才畫像的描述，在你的腦海裡面是否可以清晰地看到這個人的樣子？如果放到對應的場景裡面，你是否可以很快地辨認出這個人是否是你們需要的人才？

❀ 如何運用人才畫像
——單獨評分，整體評判

管理者在招聘時要如何運用人才畫像呢？

很簡單，單獨評分，整體評判。下面，我還是以阿里的「北斗七星」選人法為例，以表格的形式示意管理者如何評分及評判（見表4-2）。

表4-2 管理者評分即評判的內容

人才畫像特質	分數	評判標準
驅動力	1分	在工作業績上有基本的自我要求，能達到公司主管制定的基本業績目標。
	3分	以結果為導向，在工作業績上有成長，希望藉由銷售工作改變自己，獲得財富積累等個人中期目標。
	5分	具有清晰的個人職業生涯規畫，不僅希望在工作業績上有成長和突破，也希望自己的能力素質上不斷提升，尋求自我成長，挑戰自我極限，希望藉由銷售工作實現自我價值。

人才畫像特質	分數	評判標準
目標承諾	1分	設置只須付出較少努力就能達到的目標，目標易變，對於更高的目標採取無所謂的態度。
	3分	設置的目標有一定的挑戰性，盡可能地去實現目標。具有一定的目標導向意識，但在遇到較大困難時，會對自己能否實現目標產生懷疑。
	5分	設置的目標有較大的挑戰性，內心高度認同自己承諾過的工作目標，具有強烈的目標導向意識，能為目標的實現持續堅持做各種嘗試，願意付出超常努力實現目標。
職業認同	1分	認為銷售工作只是自己謀生的方式，不值得投入過多，可能會選擇轉行。
	3分	認為銷售工作能帶來多種收獲，值得為它付出努力，自己是適合做銷售工作的，在工作中獲得了一定的樂趣。
	5分	認為銷售工作收獲很多、充滿挑戰和樂趣，藉由銷售工作不僅能為自己積累財富，也能為他人創造價值；自己已經做好準備投身於銷售事業，並願意將這份工作介紹給其他人。
學習與思維	1分	用常規方法獲取有限的客戶相關訊息，不善於透過對各種訊息進行分析綜合、比較和推理，獲取有價值的線索；不善於從自己或同事的銷售成敗經歷中總結出銷售規律和技巧。
	3分	具有更多的訊息來源，嘗試利用各種方法來獲取有利於工作的訊息；能透過對自身實踐的反思和與他人交流等方式，總結掌握銷售規律和方法技巧。
	5分	能透過各種訊息管道，準確且快速地獲取和處理自己需要的訊息；能快速適應公司政策、市場、客戶的變化；善於對工作中的各種問題進行綜合分析，發現問題的共同特性與差異，抓住問題的本質。

人才畫像特質	分數	評判標準
溝通影響力	1分	能理解他人的言語表述，也能注意到非言語訊息等等，但往往忽視細節，不能準確領悟言下之意，不能做出適當回應。
	3分	能綜合利用言語和非言語訊息，把握對方的意圖；注意傾聽，並能清楚地表達自己的想法；能運用印象管理技巧，塑造專業、值得信賴的形象，獲得客戶信任。
	5分	能積極傾聽，主動進行換位思考，體察和理解別人的情緒和想法，對客戶的表達內容能快速把握要點和本質；善於營造積極的溝通氣氛，表述問題思路清晰、富有條理性、邏輯性和感染力。
情緒管理與壓力對應能力	1分	遇到壓力和挫折時容易消極、迴避或退縮，有時會將消極的情緒帶到工作中；缺乏應對壓力的技巧。
	3分	遇到壓力和挫折時能及時調整心態，基本掌握了壓力應對技巧；注意控制自己的情緒。
	5分	具有良好的心態，能正視和處理各種壓力事件，熟練運用各種技巧調節自己的情緒，遇事沉著理性。
韌性與勤奮	1分	工作中遇到困難容易放棄，缺乏持之以恆的決心和毅力，喜歡走捷徑，不願意花過多的時間工作。
	3分	工作勤奮踏實，能堅持做好銷售工作中的每個環節，但遇到較大困難時不能堅持到底。
	5分	工作中遇到困難不輕言放棄，總能以持之以恆、吃苦耐勞的精神對待工作中出現的問題；能承受高強度、高密度的工作量，並願意為銷售工作付出大量的私人時間。
外向與親和力	1分	不迴避他人，願意與人接觸，與人相處感覺自如，容易與比較類似或者對自己友好的人建立關係。
	3分	具有較強的親和力，熱情對待他人，願意與人分享自己的想法和感受，能被大部分人較快接受，很快地和他們建立友好關係。
	5分	樂於與他人溝通，主動和他人分享自己的觀點和感受，善於影響他人情緒，有很強的感染力，能快速地和不同類型的人建立友好關係。

管理者可以針對表裡每個關鍵詞設計問題，然後進行評分，整體分數達到要求時，這個人就是你要招的人。反之，就是不符合要求的人。下面，我再用一個面試案例講講管理者具體應如何判斷。

🌑 情景兩難的面試案例

「你的銷售業績排名情況如何？」（如果是第一，問問題A；如果不是第一，問問題B）

> A：你是怎麼做到第×的？你為了實現這個目標做了哪些努力？
>
> B：沒有做到第×的原因是什麼？你為了實現這個目標做了哪些努力？

此問題初看是了解面試人員的專業技能（銷售業績），但其實包含的內容相當廣泛，值得推廣分享。

透過對方的回答，可以判斷出此人有關誠信心態、銷售技巧能力、團隊合作意識、自我認知能力、目標追求和韌性驅動力等方面是否符合要求。

人才畫像的作用，是把職位人員需求描述清楚，讓管理者客觀地看清這個人。

在阿里「北斗七星」選人法介紹的核心素質項中選擇一個，進行如下練習：

· 確定素質項的評估要點。

· 結合「單獨打分，整體評判」方法，按循序漸進的提問技巧，寫出提問提綱。

/4.4/
招聘第四步：用行為面試法選擇正確的人

　　雖然有了清晰的人才畫像，但對於管理者來說，在一場僅有30分鐘的面試裡辨別應聘者與人才畫像之間的匹配度，是非常不容易的。那麼，管理者如何在短時間內快速地了解一個人呢？

　　問對問題很關鍵。

　　問什麼問題呢？這需要學習招聘第四步——行為面試法（Behavior-Based Interview）。

　　行為面試由簡茲（Janzi）在1982年最早進行闡述，行為面試著重於探索深層的行為，而不太看重學歷、年齡、性別、外貌、非言語訊息等特徵。行為面試的假設是「過去的行為是預測未來行為的最好指標」，這是因為人總是有相似的行為模式，在遇到相似的情景時會和過去的行為模式保持一致。

　　比如，一個人在過去的一年中，遇見過一些傲慢無禮、不講道理的客戶，但是他並沒有因此而情緒失控。每一次，他都很好地控制住了自己的情緒，並耐心地與客戶交談。最終他用自己的專業知識與服務態度，獲得了客戶的信任與支持。那麼後來當他再遇到同樣的問題時，就能從容面對，冷靜地回答客戶的問題。

行為面試法就是根據求職者過去的行為，判斷他的工作能力。其主要作用是為了幫助管理者區分並找出工作能力強的人和做工作能力強的人。有的人找工作的能力很強，但實際工作能力一般；有的人做工作的能力很強，但找工作的能力一般。表4-3就是這兩種類型的人的能力特徵。

表4-3 找工作能力與做工作能力的特徵

找工作的能力	做工作的能力
鎮靜自信	主動積極
和藹可親	善於合作
發音清晰	達成目標的能力
外表陽光	業務能力

現實中，我看到很多管理者在使用「行為面試法」問問題時，往往只是泛泛地去問面試者一些過去經歷的事情，以此來判斷其是否符合職位要求。

其實，行為面試是一種結構化的面試，所謂結構化，是以對職位嚴謹分析為基礎，按照事先設計好的題目來提問，提高面試的可信度。這裡面，我總結出最重要的是兩個詞：邏輯與細節。

✪ 行為面試法的兩個關鍵點：邏輯與細節

下面，我結合「北斗七星」選人法中的兩個層面，給大家詳細講一講在行為面試法如何使用邏輯與細節去判斷和驗

證面試者是否合適。

從驅動力層面來說，它包括「要性」、「喜歡」和「目標忠誠度」。一般來說，管理者會關注這個人的內驅力。比如自主自發的能動性，積極的態度等等。如果要判斷候選人這個層面的能力，我一般會問對方這個問題：

你未來三年的職業生涯規畫是什麼？

這時，你會發現基本上70%至80%的人都說不清楚。那麼，在這個層面上他肯定達不到滿分。管理者需要注意的是，今天的員工表現是由三年前決定的，三年後的員工表現是由今天決定的，以終為始，要清晰地知道員工的目標。當一個人沒有目標的時候，這個人的驅動力就會很弱。

一般來說，如果面試者沒有三年的職業規畫，那我會繼續問：

你未來一年的規畫和目標是什麼？

如果對方連一年的目標規畫都說不清楚，那這種人我基本上不會選擇了。

如果面試者回答了你的問題，管理者就要用到行為面試法中的邏輯與細節。比如，前面我問：「你未來三年的職業生涯規畫是什麼？」問完後，有的面試者會清晰地告訴你：

三年內想成為人力資源部（HRD）或事業部經理。

這是一個很清晰的回答，但並不代表他是一個合適的人選。接下來，管理者還要依靠邏輯和細節去判斷。我會接著往下問：

> 最近在讀什麼書？
> 最近在看什麼公眾號？
> 參加什麼沙龍？

你會發現剛跟你說要成為HRD的面試者，他最近讀的書除了小說就是散文，平時關注的公眾號與人力資源沒有任何關係，甚至連說出幾個人力資源方面的知名人物、網站、資訊、趨勢都很困難。那麼，他剛才說的「三年內成為HRD」是發自內心的嗎？

可以換位思考一下，如果我們自己三年的職業規畫是在管理領域有所建樹，甚至成為專家，那麼現在我們肯定要瀏覽這方面的書籍、文章、公眾號等等。

為了更深入地幫大家理解行為面試法，我以「北斗七星」選人法的能力層面入手來為大家解讀。

能力層面，也就是關注面試者的悟性和學習力。在這個層面，我會重點關注對方到底是否真在學？這同樣會用到行為面試法裡面的邏輯與細節。比如，我會問面試者這個問題：

> 你最近在看什麼書？你在關注什麼公眾號？

如果這本書我讀過，我會判斷他對這本書的理解、他的思維、他思考的深度；如果我沒讀過，我會聽聽他給我介紹這本書的情況。在此過程中，如果我判斷出對方好像很久都不讀書了，那麼對這個面試者的學習力肯定是要「打問號」的。

我問面試者「關注什麼公眾號」的問題，除了驗證他的興趣與目標之外，我還在判斷他的能力邊界。

✿ 設計行為面試題目的三個關鍵原則

總結以上行為面試的過程，我們至少可以得出設計行為面試題目的三個關鍵原則：

（1）用事實講話的原則。有的管理者在面試時，會給面試者安排一個虛擬場景，然後問面試者應該怎麼做，這是不準確的做法。因為面試者給出的答案，只能代表他的想法，並不能代表他的實際行動。因此，面試題目要針對面試者真實的工作經歷設計。

（2）針對性原則。每一個職位與面試者都有自己獨特的特徵，管理者在面試時要針對他們的特徵，提出相關的問題。例如在招聘應屆生時，提出的問題應該是與其大學的兼職經驗和任職情況等相關的問題。

（3）凸顯重點原則。管理者在設計面試問題時，要追求「精」，而不是「廣」。沒有重點的提問，是在

耽誤彼此的時間，而且會給管理者在彙整面試信息時帶來麻煩。

❂ 運用STAR進行有效追問

有的面試者在回答問題時，可能不會列舉出相關的事例來證明其回答內容的真實性，有時候就算列舉出了事例也並不完整，這會讓管理者的面試工作進行得不順利。為了避免出現這種情況，管理者需要透過敏銳的觀察，找到面試者描述中含糊不清的地方，並據此追問細節。這樣，管理者就可以知曉事例完整的面貌，從而為決策提供依據。

管理者在追問細節時，可以透過「STAR」法來提問。「STAR」的每一個字母都代表著一種類型的問題，這可以幫助管理者進行有效的提問：

> S指情景（Situation）：這件事發生的時間、地點、人物等背景介紹。
> T指任務（Task）：這件事情發生在什麼場景下，你要完成什麼任務，面對什麼樣的抉擇或者困難？
> A指行動（Action）：你扮演什麼角色？做了哪些事情？
> R指結果（Result）：事情的結果如何？你收到了什麼回饋？

管理者根據這四個方面提出的問題，其實用價值非常大。但是在面試過程中，有的面試者回答問題時會趨利避

害，例如誇大自己的優勢，掩飾自己的不足等等，這樣的資訊會影響最終結果，為管理者做決策帶來干擾。那麼，管理者要怎樣識別面試者的回答是否真實呢？

最佳解決方法就是：透過「STAR」法追問結果。當面試者在虛構一個事情時，並不能做到面面俱到，不可能將每一個細節都描述得清晰並符合實際。如果管理者在進行細節追問時，面試者給出的一直是模糊不清的答案，管理者就可以判斷面試者所述之事的可信度，並決定是否錄用。

❖ 設計行為面試題的步驟

透過上文，我們了解了設計行為面試試題的原則以及追問細節的具體內容，接著我們再來了解行為面試題目的具體設計步驟。

一般來說，設計行為面試題有以下六個步驟（見圖4-5）：

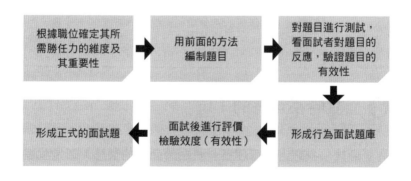

圖4-5 設計行為面試題的六個步驟

例如，下面是我設計用來選拔客戶經理、專案助理的行為面試題，大家可以參考一下：

表4-4 客戶經理行為面試題

考查維度	行為面試題
客戶開拓	□請問你如何在一個不太熟悉的環境中開拓自己的客戶，請結合類似的經歷來談談你的主要方法以及最終達成的效果。
問題解決能力	□請談談你最近解決的一個比較棘手的客戶問題，你是如何解決的？為什麼這個問題比較棘手？

表4-5 專案助理行為面試題

考查維度	行為面試題
團隊意識	□當你正在負責一項重要工作，而其他同事又來請求你的幫助，你會怎麼辦？你是否有過類似的經歷？如果有，請描述一下當時的情形及處理過程。
溝通能力	□當上級領導者在不了解事情的真實情況下做出了一個不利於你的決定，你將如何處理？請描述一下類似的工作經歷，談談你的處理方式。
抗壓能力	□請講述在最近的工作中，讓你有挫折感的一件事，你是如何解決的？簡單描述一下當時的情形及處理的過程和結果。

❂ 面試時不可踩的「坑」

最後，我想告訴管理者一些關於面試的禁忌。這是我在犯了很多錯、踩了很多「坑」之後，總結出來的經驗。

一是**人的能力是經歷的產物，而不是意願的產物**。管理

者往往容易犯的錯誤是：錯把意願當能力。一定要清楚工作動機和實際能力並不相關，如果沒有相關的技能和經驗，即使熱情高漲，也很難獲得成果。

二是如今應聘者的通過率普遍不高，能到20%就已經很不錯了。所以很多時候要在事上磨，三個月試用期之內，**以事驅人、以事育人、成事成人**。把人招進來後，拿事去驅動他、去培育他，最終事成了人也留下了，事不成人也不能留下。

三是招聘的時候要慎重，招進來以後要欣賞，選育用留，嚴進寬出，拴心留人；內在決定外在，適合大於優秀，選擇大於培養。

最後，總結一下：行為面試法是站在過去預測未來，核心邏輯是透過提問識別面試者過去的行為模式，進而預測未來的績效表現，背後的原理是一個人有穩定的行為模式，藉由分析這些行為模式，能夠預測其未來的表現。提問的核心是把握邏輯與細節，從而判斷他是否勝任我們的人才畫像。

管理者練習

第一句話：「這個人糟透了，他一貫遲到、不守時，這個人簡直是太不負責任了。」

第二句話：「這個人在過去兩個月的時間裡連續遲到了五次，其中還有一次曠職，他是個不太守時和不負責任的人。」

以上兩句話，哪個更能說明過去的行為表現呢？

Chapter 5

開除三步驟：心要慈，刀要快

「對於不合適的人，心要慈，刀要快。」

——馬雲

/5.1/
沒開除過員工的管理者，不是好管理者

在管理者的工作事項中，最令人頭疼的莫過於對人的管理；而在管理人的工作中，最難的一項可能就是開除員工了。電影《型男飛行日誌》（*Up in the Air*）中對此有生動形象的展示，管理者為了避免直接面對將要失去工作的員工，選擇讓中介機構（如諮詢公司）幫助他們完成這個過程。

由此可見，開除員工確實是一件讓管理者很頭疼的事。我在為企業培訓的時候，曾經在課間聽到兩位管理者的談話。

A是某公司銷售總監，和他聊天的是同公司的另一個銷售總監B。

A說：「銷售部壓力大，員工流失率高，一年走掉30%的員工根本來不及招聘，把我愁壞了，你們怎麼樣？」

B說：「我們很好啊，我絕不解僱一個員工，最近三年流失率幾乎為零，所有人都找到了家的感覺。」

那麼問題來了，你覺得A和B誰是合格的管理者呢？

我的答案是：A和B都不是合格的管理者。一個好的管理者不但要懂得招聘，也要懂得開除人，甚至是開除自己親自招進來的人。用一個形象的比喻，這就像人熱愛美食但也要堅持運動，否則脂肪就會不斷累積，直到走不動。

所以，管理者對持續不改進的員工要果斷開除，對他們的容忍是對優秀員工的不公。在阿里，**做了三年管理者的人，如果還沒有開除過人，則被認為是一個不合格的管理者。**招聘，是管理者要做的事，而且大多是基層管理者的事；開除人是對管理者的一項考驗：**沒有開除過員工的管理者，不是好管理者。**

這也意味著，作為管理者，不僅要學會招聘，還要學會開除人。

⚫ 開除人「心要慈，刀要快」

如果要評比國內「開除界」的第一把交椅，我這一票一定會投給阿里。

2017年，馬雲參加湖畔大學的第三期開學典禮時，談到他曾在某年除夕夜狠心開除了一名在公司工作多年的高管，他的話立刻引起場下一片嘩然。有人站起來問他，這樣做是否太過殘忍？馬雲肯定地回道：「**開除人『心要慈，刀要快』。**」

前奇異（GE）執行長傑克‧威爾許（Jack Welch）曾經說過這樣一句話：「如果當一個人到了中年之後，還沒有被告知自己的弱點，反而在某一天因為節約成本的原因被裁掉了，這是最不公平、最不應當發生的事情。就是因為這個公司太仁慈了，他連出去找工作、提升自我的可能性和機會都沒有。」

所以，如果要開除員工，就直接開除，最怕的是「拉鋸戰」，想起來的時候鋸兩下。對一個員工不滿意，卻又不找

他談話，連續三次想要開除都沒成功，就像反覆拉扯傷口，最殘酷無情。那麼，開人的「刀」到底要多快？

阿里曾經創下一小時開除一個人的紀錄。

2016年9月12日，阿里巴巴在內部辦了一個「中秋搶月餅」的活動，安全部門的四名員工為了搶到月餅，自己編寫了一個程式，16:00成功搶到了124盒月餅。

令人猝不及防的是，這四個人16:30被管理者約談，17:30被解約，18:00離開阿里。

這是阿里史上最快的開除紀錄，從16:30約談到17:30解約，阿里只用了一小時就完成了，真正應了馬雲那句開除員工「心要慈，刀要快」的話。

不只是馬雲，如今阿里的CEO張勇也繼承了開除人「心慈刀快」的理念。張勇在一次談話中提到自己曾動手把一個2000年就在公司工作的「老阿里」開除了，因為他有商業操守問題。當時幾乎所有的管理者都下不了手，唯有張勇「手起刀落」，毫不猶豫地把他開除了。

除了阿里，華為在開除不合格及價值觀不符的員工時，同樣也做到了「心慈刀快」。

2017年11月，任正非在人力資源管理綱要2.0溝通會上表示：

> 「低績效員工還是要堅持逐漸辭退的方式，但可以好聚好散。辭退時，也要多肯定人家的優點，可以開個歡送會，像送行朋友一樣，給人家留個念想，也歡迎他們常回來玩玩。」

　　為了重新激發員工活力，華為在2008年1月1日《勞動合同法》實施之前，策劃了「先辭職再競崗」的集體大辭職方案。參加自願辭職的老員工大致分為兩類：自願歸隱的「功臣」和長期在普通職位的老員工，工作年限均在八年以上。

　　其中一些老員工已成為「公司的貴族」，坐擁豐厚的期權收益和收入，因而「缺少進取心」。由於這些老員工的收入相對較高，華為公司為他們辭掉工作支付的賠償費，外界預測總計將超過10億元。

　　任正非常掛在嘴邊的詞中有一個是「沉澱」。在他看來，一個組織時間久了，老員工收益不錯、地位穩固就會漸漸地「沉澱」下去，成為一團不再運動的固體。拿著高工資，不幹活。因此他愛「搞運動」，任正非認為，開除人是保持企業活力最重要的因素。

　　任正非曾經親自批示一位剛進華為就給自己寫「萬言書」的北大（北京大學）學生：「此人如果有精神病，建議送醫院治療；如果沒病，建議辭退。」

　　那麼「心不慈，刀很快」又會有什麼樣的後果呢？

　　「心不慈，刀很快」，說明管理者沒有人情味，只根據業績開除人，一點情面都不講。「心要慈」是對的，畢竟面對的是員工，採取的解決方案要符合人性。懂人性者，才能得人心，得人心者得天下。應用到操作層面，在你能夠確保完全合規、沒有法律風險，可以單方解聘的前提下，仍然選擇協商、溝通，給對方臺階下，不要扼住喉嚨，以保留對方未來在其他地方的發展機會。這才是真正的「心要慈，刀要快」，這才是管理者開除人的正確做法。

開除員工，並不是一個輕鬆的話題，對於員工和管理者來說都非常重要。任何加入企業的員工都要清楚地認清未來幾年的工作狀況，管理者也要對他們所處和所打造的環境負責。在不符合企業價值觀的員工沒有破壞這個環境之前，最好還是以相互尊重的方式將其「開除」。但牢記開除員工一定要盡快行動，否則公司受損、員工寒心。

成功企業的做法，不一定要完全模仿。但凡是走向了偉大和輝煌的企業，所有的種種做法都會成為案例和典範，我們可以從中學習、借鑑，再用到自己的管理工作中，這才是真正學到了精髓。

管理者練習

管理者思考：你開除過員工嗎？你開除員工依據的標準是什麼？

/5.2/
開除第一步：雙軌制績效考核
──賞明星，殺白兔，野狗要示眾

　　在上一節裡，我說過「沒開除過員工的，不是好管理者」，以及開除人時「心要慈，刀要快」的理念。那麼，開除人的具體實操方面，管理者要如何做呢？是隨心所欲想開除誰就開除誰嗎？還是誰對你不尊重就開除誰？

　　想開除誰就開除誰肯定是不對的，開除人，是依照績效考核制度進行的。阿里有嚴格的績效考核制度，所有的員工每個季度、每個年度都要參加考核，考核不合格的員工，將會被開除。這個決定必須由「腿部」管理者做出。

　　事實上，現在幾乎所有的企業都在做績效考核，只是對於績效考核的方式，不同的企業有不同的做法。在這裡，需要特別指出的是，很多企業在做績效考核時，只考核「工作業績」這一維度，很少有企業會在績效考核裡設置考核價值觀方面的內容。

　　這也是阿里績效考核的與眾不同之處。前面我一直在說馬雲是一個非常重視價值觀的人，阿里是建立在價值觀之上的公司。如果這種無形的理念不能融入一個可執行的管理制度中，那麼阿里也將是一個只在「嘴上和牆上」擁有價值觀

的企業。為此，馬雲說：「價值觀並非虛無縹緲的理念，價值觀需要考核。不考核，這些價值觀是沒有用的。」

2001年，為奇異服務了25年的關明生加入阿里，幫助阿里打造了一套與國際接軌的績效管理體系，奠定了阿里績效管理的基礎。阿里借鑑並強化了奇異對價值觀的推崇方式，採用了「活力曲線」法則以及基於這個法則的淘汰和激勵制度。阿里把這個績效考核制度取名叫「雙軌制績效考核」。

何為「雙軌制績效考核」（見圖5-1）？

圖5-1 阿里的「雙軌制績效考核」

所謂「雙軌制績效考核」，就是從業績和價值觀兩個維度進行考核，兩個維度的考核指標各占50%。

從短期看，考核文化與價值觀似乎對企業發展沒有用途，但企業要想長期維持健康、良性、持久地運轉，甚至基業長青，文化與價值觀的考核就顯得非常重要了。績效是通往業績的第一步，但績效的基礎一定是建立在文化、價值觀之上。價值觀與業績一樣，也是需要考核的，否則就形同虛設，這就是「雙軌制績效考核」的重要意義。

那麼，名震江湖的「雙軌制績效考核」是如何區分出「明星」、「白兔」、「野狗」員工的呢？下面，我以自己在阿里十年的工作經歷為大家詳細介紹一下。

✿ 「雙軌制考核」的流程及評分

所謂「汝欲得之，必先知之」，在了解「雙軌制績效考核」的具體做法之前，我們先來了解一下它的流程。在流程上，「雙軌制績效考核」須遵循以下邏輯：

目標設定 —— 自我評價 —— 部門主管評分 —— HR審核、匯總與回饋結果

對於KPI（業績考核），在阿里業績評分分為七項指標，根據目標完成情況、工作勝任能力、員工職業素養等業績指標進行評分；對於價值觀考核，阿里是嚴格按照「六脈神劍」的內容來評分。

「雙軌制績效考核」的分數結果與四個獎勵有關 —— 獎金、調薪、晉升、期權，基本原則是：獎金和貢獻有關；調薪和市場有關；晉升和潛力有關；期權和戰略有關。

✿ 賞「明星」，殺「白兔」，「野狗」要示眾

在一個團隊，最理想的人才是既有出眾的業績，又能與企業的價值觀匹配，且富有團隊精神的人。然而，這樣的人

終歸是少數。有的人雖然能交出成績，但價值觀較差；有的人價值觀較好，但業務能力平平。大多數人介於兩者之間，業務能力和價值觀都在中等。

管理者應該採取怎樣的取捨標準來開除人、用人呢？阿里就是用「雙軌制績效考核」來進行區分的（見圖5-2）。

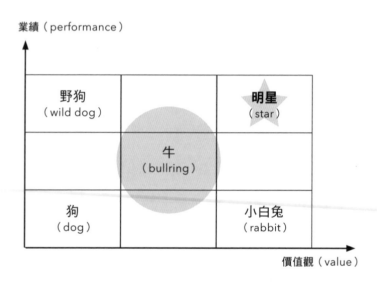

圖5-2 阿里的「雙軌制績效考核」

根據「雙軌制績效考核」，阿里把員工分為五大類，即「野狗」、「狗」、「小白兔」、「明星」、「牛」。

① 「小白兔」式員工：KPI無法改善

「小白兔」式員工是指與企業價值觀匹配，但業績不好的員工。

【「小白兔」式員工的表現】

一般來說，「小白兔」式員工有以下種種表現：

能力一般：「小白兔」式員工往往因為能力不足而很難獨立完成工作。基層的「小白兔」從事的工作比較簡單，表現並不明顯；而高層「小白兔」的能力短處會被放大，不適合做管理者。

混日子：「小白兔」式員工一般都有自知之明，他們在認識到自己的能力不足後，就在企業混日子。「佛系」是他們的標籤，他們通常會秉持著「平平淡淡才是真」的想法，在面對工作時心無鴻鵠之志，不求上進，只求安穩。因此工作時也是得過且過，不追求完美，不願意改變。

熬年頭：雖然「小白兔」的能力一般，也沒有上進心，但他們的毅力可謂十分強悍，可以在企業中十年如一日的熬日子、熬資歷。他們堅信「多年的媳婦熬成婆」的道理，將上級領導「熬走」，自己就能取代其位置。

兢兢業業：「小白兔」式員工的兢兢業業叫不能勝任，無論工作多少年，能力沒有任何提升，雖兢兢業業，也僅僅是維持工作，並不能帶來創新和改變。

【「小白兔」式員工對團隊的危害】

「小白兔」式員工看似「無辜」，時間久了卻像一顆顆長在企業身體裡的「慢性毒瘤」，對團隊發展十分不利。總結歸納一下，大概有以下幾重危害：

占用資源，沒有成果：「小白兔」式員工往往「在其位，不謀其政」，使新人沒有表現自己的機會，使有能力的人被

迫尋找機會跳槽，避免被其拖累。能力是員工的價值所在，占用資源卻沒有任何成果就是在浪費企業的資源，不利於團隊價值的增值。

影響團隊士氣：「小白兔」式員工不思進取，會將「佛系」傳染給其他員工。當這類員工占據主導位置時，企業的文化將變為「佛系」文化，慢慢擊垮其他員工的士氣，企業沒有高昂的鬥志，只能等待死亡。競爭是促進個人成長、公司發展的必經路徑。沒有優勝劣汰，沒有競爭，必然會走向失敗。

不利於引進優秀人才，阻礙團隊建設：當「小白兔」式員工在企業中熬出資歷，成為管理者後也更傾向於招聘新的「小白兔」，避免有能力的人將其取而代之。這樣就會形成惡性循環，將企業徹底變成「養老院」。最終讓團隊、企業走向末路。「千里之堤毀於蟻穴」，就是這個道理。

【「小白兔」式員工的處理方式】

那麼，對於這類員工，管理者應該如何處理呢？

無能但是非常廉潔愛民的官員到底該不該殺？這是前段時間的熱播劇《延禧攻略》中皇帝面臨的問題。太后與大臣都認為該殺，但皇上卻有些猶豫不捨。

不僅是古代的皇帝，現今的管理者也常常面臨著這樣的抉擇：到底應不應該「炒掉」這種看起來兢兢業業但做不出好業績的員工？對於這一問題，管理者可以借鑑優秀企業的做法。

阿里：直接開除

馬雲曾說：「一個公司『小白兔』多了就是一種災難。如果不滅掉幾個『小白兔』，這個公司就不會前進，不會進步。」

所謂「生於憂患，死於安樂」，企業的「小白兔」式員工，大多是安逸環境造成的結果，原本有能力的員工，在不溫不火的工作氛圍下，逐漸變成了做不出業績的「小白兔」。

所以，對於「小白兔」式員工，在整個團隊發展穩健的情況下，管理者可以直接開除。如果不淘汰這類人，整個團隊會把大量精力浪費在為「小白兔」式員工收拾殘局上，沒有多餘的力氣朝更高的目標前進。

在這方面，360也選擇同樣的做法。360董事長周鴻禕曾經專門發了一個貼文，告訴HR，要定期清理「小白兔」式員工，防止公司出現「小白兔」成為中高層管理者的「死海效應」[*]。

華為：激勵＋開除

華為對付「小白兔」式員工的做法是：激勵＋開除。任正非說：「錢給多了，不是人才也人才。」如果給了錢，仍然達不到業績要求，直接開除。

但不是所有的企業都能像阿里、華為一樣實力雄厚，對於不能像阿里、華為一樣「任性」的企業該怎麼辦呢？

---

[*] 意指好員工像死海的水不斷蒸發（出走），能力差的員工賴著不走，導致公司變得如同死海一樣不易生存。

簡單粗暴地開除這些「小白兔」式員工當然也是一個解決問題的方式，但是治標不治本，開除了一名「小白兔」式員工，仍然會有接二連三的「小白兔」式員工出現。管理者最好的處理方式就是：透過「制度＋文化」，從內部活化「小白兔」式員工，讓員工自發產生實現公司目標的驅動力。比如，管理者可以對「小白兔」式員工進行調職，有句話說的是「**小白兔往往是放錯了位置的明星**」；但如果調職後，還是沒有任何突破，那麼管理者就要果斷地開除他了。

② 「野狗」式員工：觸犯公司價值觀

　　「野狗」式員工與「小白兔」式員工相反，屬於價值觀不好但業績好的員工。

【「野狗」式員工的表現】

　　一般來說，野狗」式員工有以下種種表現：

　　偽造數據或欺騙客戶；以消極的行為影響團隊，或利用公司資源謀取私利或惡意使用資源；違反保密協議，擅自洩露公司機密；生活作風有問題，並在公司造成惡劣影響；工作態度消極，頂撞上司，與同事之間溝通不順；在團隊裡散播負能量，抱怨工作、抱怨公司、抱怨上司。

【「野狗」式員工對團隊的危害】

　　管理者在任用「野狗」式員工時有很大的風險。這類員工很可能在利用公司的資源得到成長後反咬一口，這就是所謂的「翻臉不認人」。這類員工的能力往往比較強，或者有

很大的潛力，但是他們沒有契約精神與團隊精神，總是將自己的利益放在第一位。

管理者聘用「野狗」式員工時，既要考慮他給公司帶來的利益，也要考慮其風險，不要花費大量的時間與精力為企業培養一個強大且不遵循規則的競爭對手。這類員工只能短期任用，時間一長，就會削弱制度的約束作用，降低管理者的威信，讓團隊變成「一盤散沙」。

【「野狗」式員工的處理方式】

一般來說，「野狗」式員工的工作能力很強，但工作態度、職業道德等方面有問題。對於這類員工應該如何處理呢？

對於像阿里這樣的大企業來說，一般都是直接開除「野狗」式員工。但對於正在上升期的中小企業來說，「野狗式」員工會填補人才空缺，可以快速地提升企業的業績，推動企業更上一層樓。對於中小企業的管理者來說，「野狗」式員工就像一把不受控制的槍，一方面可以借其威勢鎮住他人，一方面又害怕他將槍口對向自己。那麼該如何對待他們呢？

對於「野狗」式員工的留與不留，下面這個案例或許可以給企業的管理者啟發。

老張是某公司的一名銷售基層管理者，經驗豐富，能力超群，但一直得不到集團的重用。因為他是一名「野狗式」的員工，不願根據公司的規章制度辦事，不太認同公司的價值觀與文化，並且為人表裡不一。

在 2018 年，該公司有一個發展前景較好的子公司缺

乏銷售管理人才，且招不到合適的人。公司在內部透過調查與篩選後，發現只有老張了解這方面的業務管道，於是決定讓老張擔任子公司的銷售副總經理，主要負責子公司的日常銷售管理工作。考慮到任用這類員工的風險，子公司的銷售經理由公司總裁擔任。

老張擔任子公司的銷售副總經理後，憑藉一股「土匪勁兒」，將子公司的業績帶上了一個新的階梯。但不到半年，公司的業績就出現「滑鐵盧」，一跌再跌。等公司總裁發現問題時，市場秩序已被打亂，代理商、競爭對手都混入其中，試圖坐收漁翁之利。子公司的業務損失巨大，總裁也無力回天。

所以，「野狗」式員工能不用最好不用，用也要慎用且不能重用。尤其是關鍵職位，一定不能讓「野狗」式員工擔任，否則就可能像上面這個案例一樣「一失足成千古恨」。

對於這類員工，關明生說過這樣一句話：「**姑息可以養奸。**」一味地以業績為導向，不考慮團隊、客戶利益的人，一旦你的團隊裡出現更多的「野狗」式員工，你的整個團隊就毀了。所以，阿里的做法是：直接開除。馬雲也明確表示：對於「野狗」式員工，無論其業績多麼優秀，無論多麼捨不得，都要堅決清除。

③「牛」式員工

處於中間地帶的就是「牛」式員工。

【「牛」式員工的表現】

「牛」式員工一般有以下幾種表現：

工作能力不是很強，但任勞任怨；做事勤勤懇懇、踏踏實實，不張揚；沒有太突出的業績，但也不會做出違背企業價值觀的事。

【「牛」式員工的處理方式】

對於這一類員工，管理者要加強培訓和激勵，在穩定公司人心作用的同時，發揮他們最大的效能。

「牛」式的員工就像機器上的小齒輪，他們雖然平時默默無聞，但發揮著不可小覷的作用。他們對團隊發展可能會有不同的建議與想法，會由於種種原因不表達出來，但長期累積下來，會影響他們的工作熱情。

因此管理者在管理這些員工時，要花費一些時間去了解他們的想法與建議，讓他們感受到管理者的關心與重視，從而幫助他們找到存在感，並認可自身的價值。「牛」式員工非常容易得到滿足，管理者只要給他們的發展提供一個可持續、清晰且長遠的規畫，使他們看見未來的希望，甚至不用發揮獎勵機制的作用，就可以讓他們任勞任怨工作，無怨無悔付出。

管理者在給員工分類型時，可能劃分得不太準確。不同的員工有著不同的自我定位與預期，如果管理者不能明確劃

分，會使員工在工作時遇到阻礙。特別是對「牛」式員工有很大的影響，會降低他們工作的積極性與熱情。例如，如果管理者將他們劃分到創新型員工中，他們可能因為這方面的能力不足，而在工作中受挫，進而失去信心，喪失工作熱情。

管理者除了要正確劃分「牛」式員工的類型之外，還要關注他們的心理訴求，這樣才能用感情拴住他們的心，從而更好地管理他們，讓他們在職位上充分地發光發熱。

④「明星」式員工：業績和價值觀都好

「明星」式員工，顧名思義，就是業績好、價值觀也好的員工。

【「明星」式員工的標準】

對於阿里來說，「明星」式員工需要具備以下幾個條件：

誠信和熱情是員工最基本也是首要的素質；樂觀上進，健康積極，有朝氣，對網路行業充滿興趣與激情，渴望成功；有適應變化的能力，具備較好的專業素養和職業修養，善於溝通協作；有學習的能力和好學的精神。

【「明星」式員工對團隊帶來的積極作用】

「明星」式員工的個人績效一般都很好，他們不僅會給企業、團體帶來很多的業務貢獻，還可以將周圍員工的生產效率提升10%，這就是溢出效應。「明星」式員工的業務貢獻只是他們給企業、團體帶來的基本好處，而溢出效應的好處才是重點。

　　「明星」式員工其實相當於員工模範，他們可以引導團隊成員分享有價值的知識與訊息，為其他團隊成員提高工作效率、提升工作能力提供巨大幫助。他們在團隊中起到了引導與示範作用。除此之外，「明星」式員工在工作時還會不經意地傳播正能量，這有利於傳遞企業的價值觀，推動企業文化的建設與發展。

【如何留住「明星」式員工】

　　對於「明星」式員工，管理者當然是要想辦法留住。如何「留」呢？

　　阿里的做法是在物質上慷慨獎勵，在精神上給予榮譽。物質獎勵留得住人，精神榮譽留得住心。做好這兩點，「明星」式員工基本都能留住。

　　除了這四種員工，還有一種「狗」式員工，也就是業績和價值觀都不達標的員工，對於這樣的員工，沒有什麼可說的，毫不猶豫地開除。

　　以上就是阿里「雙軌制績效考核」裡五種員工的處理方式，用一句話來總結就是：**「賞明星，殺白兔，野狗要示眾」**。

　　如今，隨著新生代員工步入職場，愈來愈多的企業認識到，對於員工的評價，不能僅侷限在業績完成的情況，還需要考量員工的價值觀，讓員工能夠真正融入公司，認可公司的文化，成為公司的一分子。因此，「雙軌制績效考核」也被愈來愈多的企業所應用。

　　績效考核是通往業績和文化的第一步，只有把績效和價值觀掛鉤，才能清楚該招什麼樣的人、用什麼樣的人、晉升

什麼樣的人、解僱什麼樣的人。阿里透過「雙軌制績效考核」來確保既能做出有價值、有意義的事，又能造就一支備受鼓舞的團隊。這就是馬雲說的使命感和夢想會給企業一個方向，績效體系裡面一定要包含公司的使命感和夢想。

管理者練習

依據「雙軌制績效考核」，把你團隊裡的「明星」式員工、「小白兔」式員工、「野狗」式員工、「牛」式員工區分出來。

/5.3/
開除第二步：「271」制度
──抓「2」，輔導「7」，解決「1」

　　管理者都知道，績效考核最容易得罪人。有的管理者為了不得罪人，績效考核評分環節都給員工打高分。到頭來，「小白兔」式員工不害怕被降薪，「驕嬌二氣」更加濃厚了；「明星」式員工付出再多也得不到回報，便不再繼續努力做業績。這就完全失去了績效考核的意義，團隊遲早要散。

　　關於這個問題，馬雲在阿里的重要發展階段反覆強調過。他曾經在員工大會中直言不諱地說過這樣一段話：

> 「如果有些人每天早上開著跑車上班，心裡想著：既然馬總說不能離開，那我就不離開，反正我還有淘寶和支付寶的股票，就待個五年，公司替我賺錢，我就永遠不幹活了，這兒逛逛，那兒逛逛，也不需要努力工作。這才是最大的災難。我們最討厭、最擔心這些身在公司心卻不在公司的人。如果發現公司裡有這樣的人，我們一定會採取措施，一定不會讓這樣的人繼續留在公司裡。出工不出力的員工必須嚴懲，不然就對不起新加入的人，對不起勤奮的人，對不起信任我們的股東，對不起未來。這是我最想強調的。」

除了阿里以外，網易等許多知名企業都十分推崇「快樂工作」的理念，他們試圖透過寬鬆化、人性化的管理模式，為員工打造一個更好的工作環境，最大程度激發員工的工作熱情。但這種模式也是有底線與原則的，即根據考核賞罰分明。只有這樣，才能讓每一位員工做到有原則、有底線，在工作中不混日子，將工作視為事業，並為之奮鬥。

為此，阿里提出了「271」制度。事實上，「271」制度並非阿里原創，它與「雙軌制績效考核」一樣，是中供鐵軍的早期奠基人關明生從奇異帶過來的。

如今，奇異已經不怎麼堅持「271」制度了，但阿里還在堅持。在阿里，任何一個團隊都有「271」排名，甚至每一個層級都在貫徹「271」制度。

❄ 什麼是「271」制度

「271」制度，就是管理者每季度、每年根據「雙軌制績效考核」，把員工劃分為三個等級：

第一等級②：是超出期望的員工，占全體員工的20%。

這20%的員工不光有突出的業績表現，同時也是阿里核心價值觀的實踐者。阿里高層將他們視為公司的驕傲，不斷提拔他們到重要職位。

第二等級⑦：是符合期望的員工，占全體員工的70%。

這類員工認同公司的核心價值觀，思想覺悟沒問題，但

業務能力中規中矩，並無突出表現。阿里的大多數員工都是這種類型。公司將對他們進行針對性的培養，挖掘其潛力，鞭策他們進入20%的佼佼者行列。但與此同時，阿里也不放鬆對其價值觀考核，以免他們思想懈怠，下滑到最低的等級。

第三等級①：是低於期望的員工，占整體的10%。

這類員工也許表現得很差勁，也許業務能力非常突出，但他們的共同特徵是不認同公司的核心價值觀。按照阿里的用人理念，業績拔尖但價值觀考核不過關的是「野狗」式員工，是管理者要開除的對象。

❉「271」制度是最重要的管理著力點和領導力訓練工具

「271」制度之所以能夠涵蓋全部員工，是因為其評分是以「是否達成目標」為依據的。企業的各級目標確定了企業發展方向，其中包括了短期目標、戰略目標、願景目標，依次層層遞進至「基業長青」的使命目標。根據目標評分，需要管理者花費大量的時間與精力，確保每一位成員的短期績效目標服務於企業的各級目標。這是該考核制度制定的前提。

管理者在判斷一個員工的工作目標、觀念是否與管理者自身的理念、企業的目標達成一致時，可以透過詢問員工以下問題進行判斷：

你的上級管理者是透過什麼樣的方式來評定你的工作成果的？

你的上級管理者最欣賞你工作中的哪個方面？

你的上級管理者認為你最需要改善的地方是什麼？

管理者在問這些問題的過程中，如果發現能夠回答這個問題的員工很少，這代表著管理者的管理機制與方法可能存在疏漏，讓員工無法認清自身應該做什麼事。這時，管理者就可以透過「271」制度，用強力有效的方式幫助員工明確自身的定位與職責。

「271」制度的順利實行，會促進管理者與員工的溝通與交流。例如，有些管理者在任用「1」這部分員工時，往往會因為捨不得而錯失「炒掉」他們的最佳機會，從而給企業造成損失。透過有效的溝通會及時發現這類員工的風險爆發期，從而規避風險。除此之外，「271」制度還會使管理者在管理的過程中，更加注重員工的成長，及時對員工進行評價與回饋。

值得注意的是，有的管理者剛剛晉升，沒有管理經驗，在管理的過程中，沒有促使員工的業務目標與企業的目標達成一致，也沒有進行溝通。因此在辭退員工時會產生愧疚感。這是每一位管理者都會經歷的過程，只有不斷地積累經驗，提高自身的領導與管理能力，才能成為一名合格且優秀的管理者。

「271」管理：抓「2」，輔導「7」，解決「1」

那麼，管理者要如何對20%、70%和10%的員工進行管理與區別對待？

在日常管理上，管理者只要重點關注兩頭就可以了，也就是要抓住「2」，解決「1」；中間的「7」，則需要輔導。

① 20%員工：立標竿、立榜樣，並給予物質與精神的褒獎

對於團隊裡面表現最好的20%員工，管理者首先是要給予大量的褒獎，包括獎金、期權、表揚、培訓以及其他各式各樣的物質、精神獎勵。管理者要注意的是，一定不能怠慢「明星」式員工，要讓優秀的人得到最好的獎勵。

在阿里，「271」中的「2」要擁有整個激勵額度的30%至50%。比如，今天要獎勵十個人，獎金總額是10萬元，第一名和第二名拿走3至5萬元，這就是對「271」各類員工在獎勵方面的一些區分。這裡面有個要點是：作為20%的員工，管理者一定要把他們立為榜樣。在團隊裡，榜樣的力量是無窮的，可以給大家指引方向、立標竿，可以讓其他團隊成員沿著榜樣的成長路徑去快速地成長。

在這方面，對於管理者而言最大的挑戰是什麼？最大的挑戰就是：

管理者一定要清楚團隊裡誰是「明星」式員工？

「明星」式員工清楚自己是「明星」式員工嗎？

管理者為「明星」式員工做了什麼？

　　「明星」式員工往往是內驅力、目標感極強的人。他們不缺目標，他們缺的是職業發展路徑，他們需要的是快速成為管理者，這是管理者能夠為20%員工做的務實之舉。

② 70%員工：做好輔導，幫助他們建立結果思維與目標意識

　　「7」在「2」與「1」之間，「7」是很難管的部分，代表了業績和價值觀都不突出的員工。對於這70%的員工要採取的管理方式，更多的是技能輔導和周全的目標設定。

　　首先是技能的輔導。如今很多企業都在對員工進行大量的培訓。但事實上，大多數員工缺的不是簡單的培訓，他們缺的是輔導，缺的是管理者手把手地傳授，就像師傅帶徒弟一樣，教會他們工作的技能。

　　阿里在這方面做得非常好。阿里有輔導16字方針，叫「我做你看，我說你聽；你做我看，你說我聽」。管理者輔導員工時先不要說，而是應該彎下身來實實在在地做，幫助員工獲得成果，然後在做的過程中「我說你聽」，把積累的經驗詳細地傳授給員工；等管理者教完之後「你做我看」，透過這一步檢驗員工是否學會；最後是「你說我聽」，看員工的方式用得對不對，有沒有抓住竅門。

　　再來是目標的設定。70%的員工有一個弱點是缺乏目標感。他們和「明星」式員工最大的區別是，「明星」式員

工往往有著極強的目標感和內驅力，但70%的員工往往缺少清晰的目標。所以管理者要幫他們建立目標感，養成結果思維並培養目標意識，最終形成以結果與目標為導向的習慣。

③ 10%員工：「心要慈，刀要快」，「不教而殺謂之虐」

優勝劣汰是管理者對待「1」最有效的方式。正所謂「快刀斬亂麻」，管理者要及時將這部分員工開除，避免造成更大的損失。

就算「1」有極強的業務能力與超高的績效水準，管理者也不能給他們發獎金、漲工資，因為他們不認同企業的價值觀。如果給予他們較高的待遇，這會給其他員工錯誤的信號，會降低員工對團隊的信任。除此之外，管理者就算欣賞這類員工，也不能將公司有限的資源全部放在他們身上，否則就會「禍起蕭牆」。

在阿里，有一個活動叫「圓桌論壇」，管理者不能參加，HR和團隊所有的員工進行座談。我在阿里帶團隊的時候，最怕的就是：員工給我點評「王建和人真不錯」、「王建和對我們很好」。要知道，作為管理者，當你的團隊裡每個員工都說你好的時候，這個團隊就出問題了。這往往代表的是管理者的不作為。管理者一定要做到：對得起好的人和對不起不好的人，一定不能讓優秀的員工吃虧。

為此，阿里採用兩個考核週期，連續兩次排在最末位的10%員工才會被直接開除。其中，年度考核兩年進行一次，季度考核每兩個季度進行一次。將考核週期拉長，是因為員

工的行為具有不確定性，可能會隨著時間、環境、市場等因素的變化而改變，拉長週期可以得到更準確且更公正的考核結果。

所以，對於10%員工的處理，挑戰最大的還是管理者。管理者一定不能做「老好人」。對待10%員工的管理核心是：「心要慈，刀要快」、「不教而殺謂之虐」。

在開除這個員工的時候，管理者一定要先問自己：我在這個人的成長過程中做了哪幾件事？

如果你能準確地回答，那麼說明你已經全力以赴了；如果你不能回答，那就是「不教而殺謂之虐」，這意味著該「殺」的不是員工，而是管理者自己。如今，員工在團隊裡最大的危機就是當他不會工作時沒有人教。

管理者需要注意的是，阿里的「271」制度是採取員工自我評估與管理者評分相結合的模式。當考核成績在3分以上或0.5分以下時，必須羅列具體的案例來解釋評分的原因，否則考核成績不被承認。當管理者給員工做完考核後，要和他們進行溝通，討論績效中存在的問題。如果員工覺得不公平，可以向HR反映情況。HR會檢查管理者對該員工的考核內容，進而判斷這個成績是否公平合理。

☢ 「271」制度執行不下去，員工一走走一片，怎麼辦？

在為企業服務的過程中，我經常聽見很多管理者略帶委屈地問我：「我們也向阿里學習了『271』制度，但是執行不

下去，員工一走走一片，怎麼辦？」

其實，這不是績效考核能夠解決的問題。你需要問自己一些問題：

> 作為管理者，為何要做績效考核？是否有必要考核？
> 員工離職，是管理的問題還是績效考核的問題？

透過這兩個層面的問題，管理者可以從以下兩個方面具體分析「271」制度實行不下去的原因：

其一，管理者可以判斷出企業是否需要做績效考核，「271」制度是否符合公司的實際情況，是否需要更改績效考核的方式等等。

其二，在管理者確定了企業需要做績效考核，且「271」制度是最適合的方式時，可以分析是否因自己的管理問題使「271」制度執行不下去。在分析時，可以考慮工作量、工作目標、工作內容等方面的因素。管理者如果確定了影響「271」制度運行的因素，就要開始考慮解決這一問題的方法。

正所謂「金無足赤，人無完人」，世界上並沒有十全十美的績效考核制度。「271」制度也不例外，但仍然有很多企業在使用，例如阿里。因為這樣的考核制度將考核透明化、具體化，可以幫助每一位員工精確地定位，並提供方向上的引導。透過「271」制度可以讓不合適企業的員工去尋找新的發展平台，從而將更多的資源分配給優秀的員工，在幫助員工成長的同時，也促進企業向前發展。

根據「271」制度，把你團隊裡的人分成「2」、「7」、「1」，並根據業績進行評分。

/5.4/
開除第三步：離職面談
──「TRF」&「情理法原則」

透過前面幾個步驟，我們基本上就能確定要開除的人選了，那麼接下來，管理者要做的就是開除第三步：離職面談，讓不合適的人離開。

說到離職面談，恐怕很多管理者都覺得是老生常談的事了。但從我近幾年培訓過的企業來看，很多管理者為了充當團隊裡的老好人，或是因為面子問題而不好意思解僱員工。更有甚者，在離職面談的過程中，不僅沒能讓員工成功解聘，反而把自己弄得「豬八戒照鏡子──裡外不是人」。

管理者的於心不忍並不能為團隊帶來好的發展，也不能為自己帶來好人緣。因為這類員工本就不適合留在團隊裡，且經過離職面談後，他們在心理與行為上必然會產生消極情緒，這樣一來勢必會影響團隊中的其他成員。

這些都是管理者應該避免的。換言之，如果一個管理者在三年內沒有開除過一位員工的話，那麼，他的管理力就是有所缺失的。正如馬雲在湖畔大學所說：小公司的成敗在於你聘請什麼樣的人，大公司的成敗在於你開除什麼樣的人。作為企業的管理者一定要對得起好的人、對不起不好的人，

讓不適合團隊的人離開。

歷史上有個堪稱經典的離職面談案例，就是三國演義中有名的典故「徐庶走馬薦諸葛」。送走員工，但卻得了一個堪稱不世之才的接任者：

三國時期，劉備最器重的謀士徐庶的母親被曹操扣留，擔心母親安危的徐庶不得不向劉備提交辭呈。劉備為了留住徐庶，再三找他面談，言語真誠、感人。但徐庶是一個孝子，為了母親決意去曹營。在徐庶離開的時候，劉備進行了最後一次「離職面談」。他不僅真誠地挽留了他，還為徐庶牽馬，送了一程又一程。最後在離別之時，劉備還抱著徐庶大哭了一場，把徐庶感動得熱淚盈眶。

徐庶道別走了幾里後，因為感恩於劉備對自己的重視，忽然想起自己有一個很好的謀士人選──諸葛亮，於是急忙趕馬回來向劉備推薦了諸葛亮，並向劉備立誓終生不為曹操獻一謀。

不得不說，劉備是一個很好的管理者。

離職面談既是暴露和回饋企業管理痛點、難點的一條重要管道，也是考驗管理者段位的一扇窗口。像劉備這樣高段位的管理者，的確是將「離職面談」的效果發揮到了極致。

那麼，管理者要如何才能做好離職面談呢？我為大家提供三個方法。

🌀 TRF 原則

TRF原則是當初馬雲參加博鰲亞洲論壇（Boao Forum for Asia）的時候，時任美國國務卿鮑威爾（Colin Powell）提到的領導力的三法則：Train him，Remove him，Fire him。意思就是培訓他、撤換他、開除他。對於領導力的三法則，馬雲是非常推崇和認可的，並將其很好地運用到了阿里的管理中，而這就是阿里在人才管理上的TRF原則。

TRF原則根據具體情況可分成三種類型：

- ·Train：能力跟不上的，以培訓為主，提升業務能力。
- ·Remove：能力和職位匹配有問題，更多地採用調職的方式，為人才打開發展空間。
- ·Fire：經過組織和員工個人的努力之後還是無法提升績效，一定要請這類人離開公司，這既是為團隊好也是為了員工個人的發展考慮。

阿里在人才管理上的TRF原則，主要是針對初入職場的「小白兔」。因為阿里認為「小白兔」有可能是放錯位置的「明星」。對於價值觀與阿里相符的「小白兔」，阿里會給予他們一些機會，幫助他們不斷地提升自己的能力，使他們得到更多的成長機會。這就是「Train him」原則。

如果是職位匹配問題，阿里就會實行「Remove him」這一原則，即將「小白兔」調職到適合他的職位，幫助其提升業務能力。

但經過組織和個人的共同努力之後，如果小白兔在業績上還是沒有提升的話，阿里會選擇「Fire him」，即解聘。為什麼？因為「小白兔」人緣好、討人喜歡，具有極強的「傳染」能力，也就是說，一個人不作為很快就能傳染到一群人不作為，最後形成「兔子窩」，霸占著職位、資源和機會，企業如果不加以控制，任其肆意蔓延，就會造成整個管理體系和人力資源工作失控的危險。

阿里的管理者在執行TRF原則時，一直堅持著以下兩點。其他企業的管理者可以借鑑阿里的做法，在最大程度上發揮TRF原則的作用。

一是管理者要有堅定的立場。管理者在開除人的時候，不要猶豫不決，這樣很可能錯失良機，為企業帶來更多的損失。例如在解聘「小白兔」式員工時，管理者如果還抱著「沒有功勞，也有苦勞」的想法，再加上有眾多員工為其求情，就很容易動搖決心，改變立場。等「小白兔」們壯大後，就為時已晚了。管理者要時刻牢記自己是績效管理的決策者，不能因為「耳邊風」而更改決策。

二是管理者應該公正、真誠且充滿善意地提出建議。「一碗水端平」應該是每一位管理者遵循的原則。在離職面談時，管理者不能因「裙帶關係」而降低要求。管理者應該一視同仁，在離職面談時及時發現問題，並真誠地為其提出解決問題的建議。放任縱容是摻了蜜的毒藥，讓員工誤以為是善意，其實是捧殺。

❂ 做事法理情，對人情理法

所謂情理法原則，是說管理者在遇到團隊成員的去留問題需要決策時，應堅持法理還是情理？這是一家企業懂人心、識人性的標準。在阿里，我們使用的是情理法原則。正所謂：說法不如道理，道理不如談情。尊重人性的本源，釋放每個人的自由才能讓離職面談更加順利。

在具體實施過程中，有兩個要點：

一是進行感情溝通。給員工充分表達的機會，讓他講出自己的障礙和痛苦，幫助員工分析工作中出現問題的原因。溝通的重點是將心比心，管理者要理解員工的障礙和痛苦，但這不代表要認同他的做法。同時要詢問員工有哪些困難是別人可以協助的，然後再給予必要的支持和理解。

二是給員工講清道理。管理者在離職面談中要給出明確的制度依據，讓管理行為能服眾，切記不能以管理者的個人喜好為評判標準。同時在管理工作中最重要的就是要保證：「no surprise」和醜話當先。不管是績效好的員工還是績效差的員工，一定要在績效管理的過程中把每個員工的績效詳詳細細地說清楚。

管理是動態的，溝通是隨時的，要獎勵一個人必須馬上獎勵，要讓「明星」式員工在整個考核的過程中知道自己是團隊的「明星」，然後在過程中不斷樹立榜樣作用。對待10%的員工也要及時地批評和懲罰，讓這些員工存在危機意識，讓他們不斷地進行自我激勵，學習提升，而不是到最後憑藉一次評分決定員工的去留。

三是要在法律上站得住腳。即便是解聘，對於訊息的蒐集也要基於事實，力求客觀全面。每一步的溝通都要有書面確認，處理時不能感情用事，避免「禍從口出」，讓公司陷入被動。對於因非原則性問題而離職的員工，管理者可以給員工提供一些幫助，比如推薦一些合適工作。

換句話說就是將理性與感性結合，以法律為落腳點，從企業的實際出發就是理性的表現，用情感溝通是感性的表現。也許今天被開除的員工會成為未來的合作夥伴，管理者要做到好聚好散，有緣再見。

總之，管理者在與員工進行離職面談的過程中，一定要清楚地知道：不合適的人具有傳染能力，會形成病毒效應，給公司發展造成不利的影響。基於此，管理者一定要讓不合適的人盡快離開；對於「小白兔」，可以效仿阿里的TRF原則，實在提升不了的，「心要慈，刀要快」，避免拖泥帶水帶來負面影響；離職面談中要學會使用情理法原則，先情感溝通，再講道理，且最重要的是所有的溝通談話內容一定要在法律上站得住腳。

❀ 離職面談的落地操作

對於管理者而言，離職面談的目的有三點：

一是爭取讓該留的人才留下；

二是讓不願留下或不該留下的人才開心地離開；

三是獲得離職員工的真實心聲，讓公司管理中的痛

點和難處暴露出來。

所以，對於如何做好離職面談，把TRF原則和情理法原則落地到具體的操作層面非常關鍵。

一是離職面談問題的設計。管理者離職面談時談哪些內容呢？以阿里為例，離職面談內容為以下五個主題：

· 了解其離職原因。

· 詢問其是否願意接受內部調動和輪職。

· 了解其對公司、部門、職位相關的改善建議。

· 對於簽訂保密協議、競業協議的核心員工須明瞭離職薪酬、補償結算標準以及競業限制的權利及義務。

· 介紹離職程序，給予其機會諮詢相關問題。

二是面談時間和地點的安排。面談時間有兩個時間點：第一個時間點是得到員工離職訊息時，此時安排面談可以及時了解情況，有助於挽留員工（當然這個員工應是績效考核合格、值得挽留的員工）；第二個時間點是確定員工要被開除之後，此時員工已無任何顧忌，更容易說出真話和有效建議。

面談地點應選擇能夠讓人精神放鬆的地方，這樣可以讓員工在無拘無束的情況下自由地談論問題。由於離職面談的特殊性，面談地點應該具有一定的隱私性，避免被其他員工知曉或面談過程被打斷和干擾。

三是面談人員的選擇。阿里的離職面談是管理者與員工

一對一、「政委」在一旁協助的模式。這樣的模式能夠讓管理者集中精力在面談上，做出更為細緻、準確的判斷。

四是面談內容。針對不同的員工，離職面談的內容重點也不同。面對「小白兔」式員工，管理者要著重於激發他的進取心，並提高對他的要求。否則他將會成為排名最末的10%；面對「野狗」式員工時，要著重於傳遞企業價值觀，避免讓「農夫與蛇」的故事在現實中上演；面對「牛」式員工時，要著重於傳遞希望，提升他們的內驅力；面對「明星」式員工時，管理者要在他們看到問題的時候給出希望，在他們充滿希望的時候看到問題。這樣才能讓他們做到不驕不躁，起到真正的模範作用。

五是回饋與總結。阿里離職面談中最重要的環節就是回饋與總結，這對於其他企業也同樣適用。在回饋時，既要有負面回饋，也要有正面回饋。在進行負面回饋時，要客觀、準確、不指責，要對事不對人；在進行正面回饋時，要讓明星員工在整個考核過程中知道自己是團隊的「明星」，然後在企業中不斷樹立榜樣作用。在進行回饋與總結時，管理者要考慮這些訊息是否具有建設性與針對性，否則就是無效的回饋與總結。

離職面談是以人為本的一種體現，既是對離職員工的撫慰或挽留，又是對在職員工的心理安慰，減少員工離職對在職員工帶來的心理波動。管理者不應該把員工離職面談看作是一種包袱或例行公事，一個好的離職面談體系和態度可以體現出一個企業的文化，像百度的百老匯，其最大特色就是注重產品和技術研究的公益組織；阿里的前橙會，為阿里系

創業者與創投機構、天使投資人牽線搭橋等等，肩負培養未來中國200強CEO的重任；騰訊的南極圈，是騰訊體系化管理離職員工的推手等等。BAT*企業的「離職圈」生意無不向業界傳達著它們不同的企業文化。

管理者練習

管理者三問：
1. 找了誰？
2. 帶出了誰？
3. 開除了誰？

---

* 百度（Baidu）、阿里巴巴（Alibaba）和騰訊（Tencent）的統稱。

Chapter 6

建設團隊：在用的過程中養人，在養的過程中用人

「偉大團隊的定義是：平凡的人在一起做不平凡的事，並且不要讓團隊中的任何一個人失敗。」

——馬雲

團隊意義：
一群有情義的人做一件有價值的事

　　阿里的團隊，總是讓人心嚮往之。2017年6月，馬雲在杭州與獲得他出資的獎學金的年輕人交流。馬雲直言，真正讓他為之驕傲的，不是阿里如今已經取得的勝利，而是創造了這份勝利，並從勝利繼續走向勝利的這群人。成就阿里的不是馬雲一個人，而是一個團隊。

🌀 你公司裡的那些人，是團隊還是同夥？

　　我在阿里工作九年，之後創業四年，走出阿里後我接觸了很多的企業，在為它們做管理和文化方面培訓的過程中，看到很多企業的團隊，比如業務團隊、技術團隊，都不能稱之為團隊。準確地說，稱其為「同夥」更貼切。因為我在這些人身上沒有看到一個團隊應該有的樣子。

　　通常，我們把「同夥」這個詞理解為「為了利益聚集在一起的人」，它在日常語境下是貶義的，很容易讓人聯想到「犯罪同夥」、「同夥作案」。與「同夥作案」緊密聯繫在一起的是：坐地分贓、分贓不均、窩裡亂鬥等等。「同夥」中

的每個人都在盤算自己的利益，有利則合，無利則散。

臨時性、不穩定、不長久是「同夥」的主要特徵。

不可否認地，從短期效益來看，一個「同夥」的人數甚至績效會出現快速增長，因為有一個清晰的利益性誘因，「同夥」很少進行人才篩選，通常都是人員加入之後再進行自然淘汰。

然而，「退潮後才知道誰在裸泳」，一旦失去或者完成短期利益目標，接下來不是陷入「無利則散」，就是陷入「混亂內鬥」的境況。很多「同夥」就是因為利益分配不均而出現內部糾紛，最終分崩離析。

那麼，什麼是團隊呢？

管理學家史蒂芬・P・魯賓斯（Stephen P. Robbins）認為：團隊是由兩個或者兩個以上、相互作用且相互依賴的個體，為了特定目標而按照一定規則結合在一起的組織。

這樣的說法顯得生硬而且不易理解。

阿里對團隊的定義是：**一群有情有義的人，做一件有價值、有意義的事。**

比如，阿里的「中供鐵軍」就是一支名副其實的「鐵血團隊」。在阿里內部，按照公司的發展週期分成了「中供系」、「淘系」、「支付系」三個主要的團隊。「淘系」團隊對應的是淘寶、天貓等電商業務平台；「支付系」團隊對應的是支付寶，這些都很好理解。而「中供系」則是一支非常神祕的團隊，它是阿里早年困窘不堪的時候為了造血而誕生的 B2B 業務組織。

「中供鐵軍」這支以強硬著稱的行銷團隊中湧現了大量

風雲人物，後來他們陸續從阿里離職，出來創業，所做業務幾乎占據了網路江湖的半壁江山。「中供鐵軍」成立於2000年10月，它幫助阿里走出最低谷，熬過了世紀之交的網路寒冬，並為阿里和網路江湖輸送了眾多高管。

當年的「中供鐵軍」，戰鬥力非常強，定的目標拚死也要完成，業務員每天拜訪十幾個客戶，即使遇到客戶公司的保全阻攔，也要想方設法見到客戶，幾個人擠在一個小房間吃泡麵……現在的網路人，恐怕很少有這樣的鐵血精神了。這群人用後來的成就，證明了當年所吃的苦都能換回巨大的回報。

這群人之所以能夠幫阿里「打下半壁江山」，是因為他們的心在一起，有著共同的理想和目標。這就是團隊，這就是一群有情有義的人，在做一件有價值、有意義的事。我們常說，人在一起叫聚會，心在一起叫團隊。**一個團隊首先心要在一起，只有心在一起才能有共同的思想、共同的目標。**

不是每個由員工和管理層組成的共同體都叫團隊。團隊和同夥最大的區別就在人心。**行正道，得人心者，才能持久發展，走向成功；只為私利，不得人心者，必將失道寡助。**

看到這裡，請管理者停下來仔細思考一下：你們公司裡的那些人，是團隊還是同夥？

❂ 一群有情有義的人，做一件有價值、有意義的事

知道了什麼是團隊後，接下來，我們來具體了解一下阿里對團隊的定義，以及一個團隊應該是什麼樣的。

作為「中供鐵軍」中的一員，我對「一群有情有義的人，做一件有意義、有價值的事」這句話體會很深。這句話雖然簡單，但是它帶給我們的訊息量很大。

「有情、有義」和「有價值、有意義」這樣的話我們聽過很多，但對於管理者而言，我們要去思考其真正的含義，並且學會把它分解。

① 什麼是「有情、有義」？

「有情」是大到願景使命，小到兄弟之間的感情；「有義」是我們的道義、我們的規則、我們的底線。一個「有情、有義」的團隊必定有著彼此信任的基礎。

我在帶團隊時，經常會向我的團隊分享這樣一個故事：NBA有一支非常著名的球隊——聖安東尼奧馬刺隊（San Antonio Spurs），這支球隊得過非常輝煌的成績。這支球隊裡有三個核心人物，叫作「GDP組合」。2013年NBA總決賽時，球隊的核心成員提姆・鄧肯（Tim Duncan）已經40歲了，打完這屆總決賽就要退役了。這場球打到最後一分鐘的時候，聖安東尼奧馬刺隊還落後四分，這時球隊的教練波波維奇（Gregg Popovich）叫了暫停。按照以往的經驗，教練叫暫停時，會詳細地布置戰術，比如誰來投籃，誰來擋拆等等，但這次暫停，老教練沒有進行任何的戰術布置，只對球隊的所有成員說了這樣一段話：

> 我們在一起打球20多年了，這有可能是我們的最後一戰。到球場上，把自己的後背交給你的隊友吧！

這就是「有情、有義」——彼此信任，敢於把你的後背交給你的隊友。只有這樣，每個隊友才能專注自己的領域，做到「1 + 1 > 2」。

除此之外，我覺得「有情、有義」還指的是團隊之間彼此心靈的一種連接，這種連接並不單指團隊成員之間的互幫互助，因為有些時候，為了達成一個目標，彼此的爭吵也是「情義」。

團隊彼此之間的互動方式，上下級交流的方式，同事合作的方式等等，這些看似是溝通，其實也是團隊裡的「情義」。這包括團隊成員之間的「小情義」，比如對友情的需要，對管理者回應的需要，以及在這個企業裡工作能得到滿足的需要。因此，阿里為了紀念員工到職的年限，製作了戴戒指的儀式感——「一年香，三年陳，五年醇」，目的就是為了回應員工在阿里的努力與付出，這是團隊之間的「小情義」。

還有「大情義」。什麼是團隊的「大情義」？

比如我們在網路企業，那麼這個團隊要熱愛網路；如果我們在餐飲企業，那麼這個團隊就要熱愛餐飲，要為了企業存在的價值而存在，這就是團隊的「大情義」。

② 什麼是「有價值、有意義」？

「有價值」是我們創造了什麼樣的客戶價值，給客戶提升了多少效率、降低了多少成本；「有意義」是「有你而不同」。作為管理者，在「有價值」這方面大家都做得非常多，所以在這裡我想著重談談「有意義」。

有意義，其實就是我們常說的打造團隊氛圍。一個團隊

的氛圍應該是什麼樣的？

電視劇《諾曼第大空降》（*Band of Brothers*）裡有一個場景：戰爭之後，一群受傷的士兵彼此攙扶著前行，這時畫面一轉，一個退役老兵的孫子問他：「爺爺，你是英雄嗎？」

退役老兵說：「爺爺不是英雄，但是和爺爺一起戰鬥的所有戰友，都是英雄！」

團隊是什麼？團隊是英雄誕生的土壤，在這片土壤上，每個人都會成為英雄。這就是因為有你們而有意義。

因你而有意義，說的是個人對團隊的認可和歸屬感，與團隊同呼吸共命運。管理者要打造英雄的土壤，成就每個人。與此同時，管理者又應該讓每個人的心中有團隊、組織，以及共同實現的偉大目標。當有一天，你的隊友們像對待他們的母校一樣對待團隊，甚至不允許任何一個外人說團隊的壞話，團隊的概念和意識才算是真正深入人心了。

說到這裡，你能感受「一群有情有義的人，做一件有價值、有意義的事」的團隊是什麼樣了嗎？

用一句話總結就是：**彼此信任，共同拚搏，不拋棄、不放棄的團隊氛圍，加上深入人心的團隊意識。**

你可能在心裡感慨：這是多麼不容易做到的一件事。確實如此，要打造出這樣的「鐵血團隊」，需要非常落地的「建設團隊」的方法，在後面的章節裡，我將具體從思想團建、生活團建、目標團建三個方面來分享如何打造一支「鐵血團隊」。

管理者需要在自己的團隊裡調查以下兩個問題：

· 你心目中的理想主管是什麼樣的？

· 你最無法容忍的主管是什麼樣的？

/6.2/
思想團建一：
統一的團隊語言、符號和精神

去年我在為企業管理者做培訓時，聽到這樣一句玩笑話：好挖百度人，難挖阿里人，易走騰訊人。

為什麼阿里人難挖走呢？

答案就是：團建。

每一個在阿里待過的人都會深深地了解阿里有多重視團建。新人到職要團建、管理者上任要團建、員工生日要團建、員工工作一週年要團建、員工調職要團建、員工離職要團建、員工業績好要團建、女員工懷孕要團建、連員工家生小狗也要團建，甚至會因為好久沒團建了也要團建⋯⋯用一句現在比較流行的話來說就是：一言不合就團建。

沒有什麼事情是一次團建解決不了的，如果有，那就團建兩次。

阿里的團建分為三個部分：思想團建、生活團建、目標團建。下面，我將從思想團建切入，著重講「術」的層面。

正所謂「畫龍畫虎難畫骨，知人知面不知心」，思想團建讓許多管理者感到頭疼。也有許多管理者在課堂上問我：「員工的想法太多不好管，怎麼辦？」

其實，「想法太多不好管」這種說法本身就是錯誤的。有這種想法的管理者一般都不知道要管什麼。如果一個管理者什麼都想管，沒有重點，那麼自然管不好，也管不了，還勞心勞力。

那麼，**管理者真正要管的應該是什麼呢？答案是自己團隊的語言、符號和精神，是願景，是夢想，這樣才能統一思想，讓員工渴望去追求。**

思想團建就是跟員工講使命、願景、價值觀，但是員工肯定不喜歡赤裸且直接的方式，所以管理者要去解讀使命、願景、價值觀的本質。本質是什麼？通俗地說就是帶大家看遠方、利他。杜拉克說過一句話，我深以為然：管理的本質就是激發一個人的善意和良知。

管理者只要帶領員工看遠方、激發善意和良知、利他，就是在做思想團建。思想團建的主要內容是讓團隊有自己的語言、符號和精神，包含了團隊的名字和LOGO、團隊成員之間彼此的專屬稱呼、團隊獨特的激勵口號等內容。**這些是員工在日常工作中感知最深刻的內容，也是其他人感知你團隊的最好方式。**有了這些，團隊就有骨血、有情緒、有自己的精氣神。

那麼，作為管理者，如何一步步地做好思想團建呢？我透過自己管理團隊的實踐經驗，就團隊的名字和LOGO這方面提供一些方法，希望能夠給你帶來幫助。

☻ 帶領團隊所有人開會，確定團隊名稱

團隊名稱應該是由團隊所有的人共同決定的，是團隊凝聚力的體現。好的團隊名稱對團隊有激勵作用，並寄托著團隊共同的目標、理想或者想法。

例如我在阿里帶的四個團隊的名稱分別是：「濱海時代」、「贏」、「大航海」、「大北辰」。這些團隊名稱都是由團員一同決定的。團隊中的每個人都會想四、五個名字，然後集體篩選、投票，團隊成員達成一致後確定。

「濱海時代」承載著每個團員希望透過自身的努力奮鬥，為團隊、企業的發展開闢一個全新時代的追求；「贏」直接表現出團隊成員爭奪第一的渴望與必勝決心；「大航海」這個名字是因為團隊建立在天津濱海，所以名字一看就與海有關係，而且一提到「大航海」，大家會聯想到大航海時代開闢的新航路，團隊名稱寄托著團隊的理想，即透過團隊共同的努力，為團隊的業務開闢一條新航路；「大北辰」這一團隊名稱的來源是團隊成員的共同期望：眾人齊心，再次創造輝煌，打造不敗的王者傳奇。

除了理想與目標之外，企業、團隊名稱還承載著每一個成員對社會、對國家的使命，是責任感的體現。

這些承載著團隊共同理想、目標、社會責任、使命的團隊名稱，可以促使團隊成員統一思想，使每一位員工能為團隊的共同理想艱苦奮鬥。

⚫ 製作團隊LOGO

　　團隊LOGO是一個團隊、一個企業的核心元素，它不僅代表著團隊、企業的形象，還是企業文化、價值觀與精神的載體。團隊LOGO就像是人的臉，呈現了整個企業、團隊的精神面貌與健康狀態。

　　例如阿里的LOGO，主要是由一個字母a和一張笑臉構成，其中「a」代表著公司與員工共同的目標：將「a」做到「A」；笑臉則象徵著阿里的微笑文化，即透過共同的努力讓員工滿意、讓股東滿意、讓客戶滿意。能夠直接展現企業文化與理念的LOGO才是好LOGO。那麼要設計出這樣優秀的企業、團隊LOGO，有哪些注意事項呢？

　　一是簡單醒目。LOGO是客戶了解企業的第一內容，如果設計得過於複雜，將其做成「大鍋飯」，那樣會使客戶對企業的印象不深刻。大雜燴式的LOGO還可能會讓新進團隊的員工一頭霧水，不明白LOGO的意義，也無法認同，從而讓管理者無法藉由LOGO進行思想團建。

　　例如阿里「大航海」團隊的LOGO，這樣的LOGO雖然簡單，但是能夠清晰明瞭地展示團隊的精神面貌、目標以及共同的思想。

　　二要獨具個性。LOGO的個性源自企業或團隊的獨特文化、價值觀和管理者的管理方式，在結合時代特色的過程中，會形成鮮明的特色。員工每次看見這樣的LOGO，就會下意識回顧企業的文化與價值觀，使員工在潛移默化中認可並擁護企業文化。這就是思想團建的力量所在。

例如華為的LOGO由八瓣從聚攏到散開的花瓣組成，這種聚散的模式，不僅是希望華為能夠蒸蒸日上，也表現出一種積極向上的態度，體現了華為公司「聚焦」、「創新」、「穩健」、「和諧」的核心理念。這樣的LOGO，也會在無形中促進員工用一種積極向上的態度去工作，去聚焦服務客戶，用激情與活力去幫助企業的發展。

最後是穩定長久。優秀的企業團隊LOGO必須具有穩定性，能適應社會的變化與公司的發展。不能每隔一段時間就換一次LOGO，這樣會降低員工的認可度，不利於團隊的團結。

例如蘋果公司的LOGO，雖然在發展過程中經歷了許多變化，但萬變不離其宗。自1977年後蘋果公司只對LOGO進行了顏色與質感上的變化，這是為了緊跟時代的步伐，將自己的企業文化與時代相結合，從而避免被時代淘汰。

團隊的LOGO是團隊的象徵，是企業的門面，因此在設計時應該考慮全面，不能只求全，而要求精。

❖ 把寫著口號的圖片貼到內部郵件的開頭

將口號融入郵件的開頭等場景中，可以反覆地讓團隊成員閱讀、記憶。

例如我在帶「大航海」團隊時，我發每一封郵件時都會放上寫著口號的圖片，並且一定要放在最顯眼的地方，讓打開郵件的人一眼就能看到「大航海，這是我們的船」這樣的口號。

除此之外，我發給團隊裡的每一條簡訊、每一封日報後面都會加上「大航海，這是我們的船」這句口號。在恭喜員

工獲得某項成就時，也在祝賀訊息的結尾加上「大航海，這是我們的船」這句口號。這並不是硬性要求，但是慢慢地，團隊中的每一個夥伴在寄郵件簡訊或分享各式各樣經驗時，都會在後面加上這句口號。甚至當我們上臺領獎時，別的區域夥伴們會發自內心地恭喜我們：「**恭喜大航海，這是你們的船。**」

重覆是容易被管理者忽視的一個重要工具。對於你想要強調的事情，需要不斷重覆。你在不同的時間重覆，用不同的方式重覆。你現在也許知道了，為什麼某些要點會在書中反覆出現。管理大師肯・布蘭佳（Ken Blanchard）曾經問赫曼・米勒公司（Herman Miller）前CEO帝普雷（Max De Pree）：「你認為領導者在組織中的角色是什麼？」帝普雷說：「你得像個教小學三年級的老師一樣。你必須一遍、一遍、又一遍地重覆願景，直到人們理解。」威爾許也強調重覆：「在領導力中，你必須誇大你做出的每一個聲明。你必須重覆1000次，並且適當誇大。所以，我會說這樣的話：『任何沒有得到六標準差（6 Sigma）綠帶*的人都不能升職。』這樣的誇大其詞對於撼動一個大組織是必要的。然後，你的人事變動必須支持你這個聲明，來告訴大家你是嚴肅認真的。」

在這方面，除了阿里，小米也做得很到位。小米不僅將「為發燒而生」的口號放在內部進行傳播，還讓每個人在聽到小米後就能想到它的口號。我們可以從小米的背景布置、每一次會議、公告、產品包裝等位置發現這些口號。在不知

---

* 1986年由摩托羅拉（Motorola）創立的一套流程改善工具，其中根據位階與職責劃分成不同的級別，綠帶為其一。

不覺中讓員工記住口號，了解這些口號，從而將口號變成行動，為客戶提供更好的服務。

❂ 把LOGO放到內部溝通場景中

不論員工的士氣高或低，管理者都需要在日常的管理過程中進行激勵，激勵能夠提高員工的活力與工作熱情，而將LOGO融入激勵管理的場景中，能夠加深員工的印象，讓員工在潛意識裡形成「是公司給了我如此好的待遇，我應該更加努力地工作，回報公司」的想法。當員工的這一想法徹底成型後，就會將公司發展視為自己的責任，更願意為公司艱苦奮鬥。

在阿里，有的團隊為了激勵員工，經常組織聚餐團建，其團建的背景都會有「阿里」的字樣和LOGO，或者是能代表阿里的標誌。這樣的背景布置讓整個團隊有了歸屬感，為員工的溝通提供了一個更加舒適、溫馨的平台，加強了成員之間的聯繫，增加了彼此的默契程度。從而讓團隊能夠一條心，落實「一面旗、一塊鐵、一個家」的團隊精神。

除了將LOGO放入團建活動背景中去，管理者還可以將LOGO放在企業的形象牆上。形象牆是企業對外展示企業實力、對內進行文化熏陶的重要工具。形象牆一般會設置在公司最顯眼的地方，這樣會使每一個員工在路過時下意識地駐足觀看，達到「潤物細無聲」的目的。

⚫ 把LOGO放到客戶溝通場景中

LOGO是客戶了解企業的重要管道，利用一切方法將LOGO傳遞到客戶眼前或者將其融入與客戶溝通的場景中，是擴大企業影響力的重要方法。

我作為「大航海」團隊的管理者，將不斷推出的海報、開展各種活動、宣傳總結覆盤等過程中產生的各式各樣文章資料傳遞給客戶時，無一例外都會加上團隊的LOGO和口號──「大航海，這是我們的船」。透過這種潛移默化的形式不斷地在團隊內部強調口號，慢慢地讓這句口號在夥伴們心裡扎根，最終形成我們的團隊文化，並將這種文化以團隊為中心輻射周遭客戶，不斷提升對客戶的影響力。

展示海報等視覺性的資料，是企業與客戶溝通的重要管道，管理者要靈活地將LOGO融入這些資料之中。例如在天貓精靈的新品發布會時，將其LOGO放入宣傳海報之中，讓客戶一看到這個LOGO就想到了天貓。

可能會有些管理者認為將LOGO放到與客戶的交流環境中對團隊思想建設沒有用，他們認為團隊的思想建設應該是針對團隊成員的，而不是客戶。其實這樣並不準確。只有讓客戶更加認同企業、團隊的LOGO或文化，才能提高企業、團隊的影響力。這樣會讓員工為企業感到自豪與驕傲，增強員工對企業、對團隊的歸屬感，增強員工的集體榮譽感。阿里現任CEO張勇認為「勝利是最好的團建方式」，正是考慮到了集體榮譽感這一因素。獲得客戶的信任與認可，也是思想團建的一部分。

一個簡單的名稱、一張簡明的圖片、一句簡潔的口號，以及上文介紹的五個步驟，最終形成統一的團隊語言、符號和精神。

管理者要想建設團隊，想讓一個團隊凝聚起來，鮮活起來，並且有人氣，就要有共同的語言、共同的符號、共同的精神，要透過一個團隊共同的經歷和故事，去沉澱你們的團隊文化。思想團建沒有祕訣，如果要說有的話，那就只有一個：堅持說、反覆說，最忌諱的就是半途而廢。

管理者練習

請管理者組織團隊成員開一次會，會議的主題就是「統一團隊的語言、符號和精神」：

1. 和團隊成員一起給自己的團隊取一個名字。
2. 和團隊成員一起給自己的團隊做一個LOGO。
3. 透過郵件、簡訊的形式把這個名字和LOGO發給每一個人。
4. 在往後的溝通中，不管是內部溝通，還是與客戶溝通，都要不斷地重覆團隊的名字和LOGO。

/ 6.3 /
思想團建二：
把我的夢想變成我們的夢想

任何團隊的終極目標都是贏得夢想、完成願景。管理者進行思想團建，就是為了喚醒員工贏的本能、創造贏的狀態、實現贏的目標。這一過程分別對應著擁有夢想、匯聚夢想、完成夢想這三個步驟。**一個團隊思想團建的最高水準，就是把我的夢想變成我們的夢想。**這是每個管理者都渴望達到的目標。

對於管理者提出的「如何將我的夢想變成我們的夢想」這一問題，阿里有三句話分享給大家。

❂ 第一句話：管理者自己要有清晰的夢想和願景，要全然地相信夢想，更要懷著飽滿的激情去追求它

只有這樣才能感染員工，讓他們把團隊的夢想視為自己的夢想。共同的夢想是團隊的驅動力，能夠增加團隊效率、提高業績。

管理者可以透過下面介紹的「靈魂三問」，來確定自己

是否做到了這一點。

① 我有清晰的夢想和願景嗎

清晰的夢想與願景是如今團隊所做一切的出發點。管理者的夢想與其身上的特質幾乎決定了這支團隊的特質。

我帶的第一個團隊「濱海時代」就具備一顆冠軍的心，團隊的口號是：濱海時代只做第一。我透過團隊符號、團隊思想與故事等等，時時刻刻給團隊夥伴傳遞這種冠軍信念。正所謂今天沒有做第一的心，就一定沒有做第一的命！夢想與目標是驅動力，管理者要想成為第一，除了要有一顆冠軍的心，還要擁有夢想。

正所謂「王侯將相寧有種乎」！馬雲難道天生就是成功的嗎？在阿里創建之初，馬雲就提出了要讓阿里再「活」80年，將阿里打造成全球前十名網站的夢想，在為這個夢想努力的過程中，馬雲也走過不少彎路，但他始終堅信「因為理想，所以看見」。2014年6月，阿里正式在紐約交易所掛牌交易，股票代碼為「BABA」，成為美國史上融資規模最大的IPO（首次公開募股）。阿里能獲得這樣成就的起始點就是馬雲的夢想。管理者擁有了夢想才會擁有方向。正如網路上流傳的一句話：夢想還是要有的，萬一實現了呢？

② 我全然相信夢想嗎

大腦決定手腳，作為管理者，擁有堅定的信念才能帶領團隊朝一個明確的方向努力奮鬥，才能讓夢想成為達成目標的驅動力。

全然地相信夢想，是每一個合格的管理者都必須做到的事情。曾經有許多管理者問我：「王老師，你在阿里收獲最多的是什麼？」思來想去，見證夢想成真並且參與了夢想實現的過程是我在阿里最大的收獲。這個收獲讓我真正發自內心地相信夢想。十年前，馬雲還曾在天津和我們坐在一起吃餃子，而現在的馬雲已經不是當年的「吳下阿蒙」了；八年前，程維還曾和我們一起開會，如今他已成為優秀的企業家。經歷過這些變化後，我發自內心地相信夢想。

帶有堅定信念的管理者是企業、團隊的主心骨，不僅會讓自己朝更好的方向發展，還會促進企業向上發展。

③ 我飽含激情地去追求夢想了嗎

管理者在明確了夢想後，還需要用實踐行動去證明自己在追求夢想，這樣才能去感染、鼓勵每一個員工。

思想團建就是藉由物理的接觸行為促成化學反應。管理者在飽含激情去追求夢想的過程中，會取得許多激勵人心的成就，贏得大大小小的勝利，這會讓團隊成員在接觸到管理者的夢想時，產生共情，將一個人的夢想變成共同的夢想。

站在夢想的肩膀上，做行動上的巨人是管理者必須堅持的原則。阿里追夢者馬雲就是如此，這在阿里曲折的上市之路上表現得淋漓盡致。在2013年被港交所拒之門外後，2014年阿里終於成功地在美國掛牌交易。馬雲用15年的時間將阿里的上市市值從50萬元提升至2300億美元。在這個過程中遇到許多困境與挑戰，但馬雲並沒有退卻，而是滿懷

激情地去實現阿里的上市之夢，還不斷地鼓勵員工為夢想工作。在馬雲的帶領下，每一個員工都將企業的夢想作為自己的夢想與使命，並為之共同努力。

華為同樣重視管理者追求夢想的實踐行動。2015年，任正非將一張芭蕾舞的照片作為華為的廣告。這張照片的拍攝者堅持拍攝了30年的芭蕾舞，任正非認為這樣奮力追求夢想的精神是華為與他的真實寫照。羅曼・羅蘭曾說：「人們總是在崇尚偉大，但當他們真的看到偉大的面目時，卻卻步了。」任正非在看見偉大的夢想後並沒有止步，而是不斷地去激勵員工為了共同的夢想做出實際行動，並且將自己的實踐行動作為每一個員工追夢的表率。

我在帶領「大航海」等團隊時，也相信夢想。剛開始，我跟團隊夥伴們說我相信夢想，他們都低下頭，認為有些可笑。在之後的兩年間，我不斷地在早會、日常溝通，甚至在聊天的過程中去傳遞夢想，並用行動去追求夢想。這樣的堅持感染了團隊夥伴，他們甚至也會在開早會時，寫下自己的夢想。

優秀的管理者會將他身上的激情帶給身邊的人，讓整個團隊不由自主地跟上他的前進節奏。管理者只有在飽含熱情的狀態下，才能讓團隊和客戶更願意相信你為他們描繪的未來，這樣他們才會敢於去實現夢想。就像馬雲身邊的人一樣，也是因為在馬雲的身上看到了希望，才有了阿里今天的成就。

✿ 第二句話：要和你的團隊共享願景而不是願景共享

除了上文介紹的「靈魂三問」，「**要和你的團隊共享願景而不是願景共享**」是阿里分享給管理者的第二句話。要理解這點內容，管理者得先明白「願景共享」與「共享願景」的區別（見表6-1）。

表6-1 願景共享與共享願景的區別

願景 區別點	願景共享	共享願景
願景的來源	管理者的願景與夢想	所有員工共同的夢想
驅動方式	管理者用自身的激情 感染員工、驅動員工	共同夢想的驅動
實現效果	無法保證	效果較好

從上表中可知，**願景共享字面的意思是管理者拿出自己的願景跟團隊夥伴共享，想讓團隊跟他一條心。** 這是目前大多數管理者都愛用的方式，雖然有效果，但是效果的好壞無法保證。因為不管在什麼時代，會為了別人的夢想和願景去全力以赴的人寥寥無幾。管理者想要「士為知己者死」，就要先全力以赴。夢想是天賦與熱愛的最高表現形式，願景共享就是管理者將夢想賦予員工。

而共享願景的意思是願景是大家的，大家共享並且一起去達成這個願景。 這樣的願景不是管理者賦予的，而是員工

在接納企業文化與價值觀的過程中，產生具有共性的夢想，也就是把我的夢想變成我們的夢想的過程。那麼怎樣才能實現共享願景呢？

阿里組織能量圖裡面有一句話叫共同看見。管理者一定要引領團隊去實現團隊共同的目標。在阿里，不管目標是1000萬元還是一個億，都不是管理者一個人的目標，管理者需要做的就是讓每個員工看到這個目標，即共同看見每個員工在實現共同目標的同時，也能收獲各自的利益。透過共同看見，可以促進團隊形成一種「生成一系列戰略──團隊執行和客戶回饋──改進戰略」的良性循環。

除了共同看見，管理者還需要幫助每個員工將個人願景與團隊願景進行深度對接。在這個過程中，讓我的夢想變成我們的夢想，需要透過團隊符號、團隊經歷、團隊思想和團隊故事匯聚成我們的夢想。

各大企業在進行思想團建時，都會幫助員工將個人願景與團隊願景統一。例如阿里團建時，安排的「狼人殺」遊戲，就是為了喚醒員工的「狼性」，讓他們產生「贏」的欲望，而「贏」也是每一個企業、團隊的夢想。藉由思想團建活動，可以讓員工們共同堅持夢想，隨時隨地慶祝勝利，不斷地幫助團隊贏得勝利。這種過程就是一個不斷打勝仗的過程，從勝利走向另一場勝利，用一個一個小勝利鑄就整體的大勝利，這也是最有效的思想團建。

⚙ 第三句話：如果可以的話，去把你的團隊帶成命運共同體吧

管理者要想讓員工與企業命運相連、榮辱與共，就必須將企業中的每一個人都變成「一條繩子上的螞蚱˙」，換句話說就是「**把團隊帶成命運共同體**」。美國電視劇《諾曼第大空降》就很好地解釋了「命運共同體」的概念：同甘共苦，為共同的目標努力奮鬥。

你的團隊是利益共同體、事業共同體還是命運共同體呢？

利益共同體以利益為紐帶將員工聯繫起來，在公司面臨較大的挑戰時，利益共同體可能立刻瓦解，員工紛紛「大難臨頭各自飛」。管理者想讓團隊一條心，光靠利益是不行的。事業共同體就是透過建立合夥人制度，實現價值共創、風險共擔、收益共享的團隊機制。事業共同體加強了員工與企業、管理者之間的聯繫。命運共同體包含了利益共同體與事業共同體，是透過引導員工建立文化認同、企業忠誠、創業激情與工作熱情，實現企業發展與個人利益的團隊機制（見圖6-1）。

阿里的「鐵軍文化」就是創建命運共同體的表現。馬雲認為：一個人卓越，造就不了一家卓越的公司；一群人卓越，才能造就一家卓越的公司。而卓越的核心是一家公司和一群人的認知升級，否則不可能更上一層樓，只會陷入死循

---

*　蝗蟲。

圖 6-1 利益共同體、事業共同體、命運共同體之間的關係

環。換句話說，「鐵軍文化」就是阿里的思想團建成果。

　　以上就是思想團建的所有內容，如果管理者能夠像阿里一樣，在思想團建方面做到極致，最終也會取得團隊的勝利。作為管理者，在思想團建的過程中，要做的工作就是喚醒。員工本來就想贏，管理者只是喚醒了員工贏的欲望——這就是思想的團建，帶領他們看遠方。

> **管理者練習**
>
> 管理者需要帶著自己的團隊做「靈魂三問」，然後帶著團隊成員一起分享各自的夢想：
>
> 1. 我有清晰的夢想和願景嗎？
> 2. 我全然地相信夢想嗎？
> 3. 我飽含激情地去追求夢想了嗎？

/ 6.4 /
生活團建一：三個關鍵點

　　說到生活團建，我在朋友圈經常能看見兩種生活團建的場景：

　　一是某公司組織旅遊活動，拍了一些照片發到朋友圈，配上幾個字：「××公司團建」；二是某公司組織員工集體聚餐，拍幾張大家舉著杯子的照片發到朋友圈，配上幾個字：團隊一家親。

　　管理者開展的旅遊活動、吃飯、唱歌當然屬於生活團建的內容。但請管理者認真地思考一下：你的生活團建達到團建的目的了嗎？

　　在為企業做管理培訓時，我常常會問一些管理者：「你們覺得生活團建有用嗎？」

　　大多數管理者思考一會兒，都會搖搖頭。有的管理者說每次出去吃飯、唱歌時，大家吃完、唱完就各自回家，想要解決的問題第二天依然會出現；有的管理者說組織員工爬山、踏青，本想讓團隊培養凝聚力，沒想到反而聽到員工抱怨說：「跟同事出去爬山，還不如在家睡覺⋯⋯」

　　為何會出現這種情況呢？做生活團建的想法明明是正確的，為何團建仍逐漸淪為形式——為了做團建而做團建？

😊 能玩到一起，才能一起打拚

究其根本，是因為管理者在做生活團建前沒有明確做生活團建的目的。生活團建不僅是為了把大家聚在一起吃飯、聊天、爬山。

馬雲說：「**能玩到一起，才能一起打拚。**」工作的激情源於生活，工作優秀的人不見得生活精采，生活精采的人工作必定傑出。工作優秀的人，往往只體現了自身一個方面的價值，但在工作中總會有這樣或者那樣的不足，其不足即是生活所帶來的「先天營養不良」。生活精采的人，往往每個生活的細節都精心打理，所以對工作中的每個細節問題都能合理解決。

一個不熱愛生活的人也很難快樂工作，只有能夠玩到一起，才能夠真正地一起打拚。**合格的管理者，要能夠讓員工快樂工作。**只是，管理者需要注意的是，「玩到一起」的「玩」，並不是隨意地玩，而是要帶著大家有目的地「玩」。所謂「起心動念」說的就是這個意思，管理者在做生活團建時，起什麼心，動什麼念，就會得到什麼樣的結果。

一次好的生活團建至少要達到以下三個目的：

- 能打造一個有溫度的團隊，讓團隊成員之間彼此能感受到溫暖。
- 能讓團隊成員之間彼此共情，有情感的連接，能夠把內心最深處的東西呈現出來。
- 能打造一個有凝聚力的團隊，讓團隊形成凝聚力。

生活團建的價值是創造贏的狀態，這個前提是團結，團結的原因要不是一起生活，就是有共同的經歷。作為管理者，要想辦法讓團隊共同經歷一些事（這些事可以是吃飯、唱歌、爬山、聊天等等），如果一個團隊的共同經歷太少，是不太可能沉澱出感情好好「打仗」的。

比如，我在阿里帶團隊時，就曾經把整個團隊拉到健身房做飛輪車運動。勁爆的音樂加上一直在挑動情緒的教練，極致的體能挑戰使大家大聲鼓勵彼此，練完之後一起躺在地上，那種感覺真的很棒，大家的心莫名就近了，生活團建的價值就是透過物理的接觸方式達到化學的反應。團建的本質源於生活。

那麼，管理者要如何做好生活團建，達到團建的目的呢？在阿里，做好生活團建有三個關鍵點（見圖6-2）。

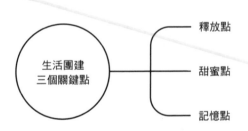

圖 6-2 生活團建的三個關鍵點

☯ 釋放點：讓團隊成員互相「裸心」

做好生活團建最關鍵的一點是：把團隊成員的真情實感釋放出來。而要做到這一點，前提就要「裸心」，管理者要

讓團隊成員能夠彼此「裸心」。

所謂「裸心」，就是讓彼此走進對方的內心。如果團隊成員之間沒有「裸心」，就很難扣動員工的心靈扳機，把他們的真情實感釋放出來，這一點對於生活團建非常重要。

在前面的章節裡，我說過阿里有「裸心會」的機制，為的就是讓員工和管理者能夠敞開心扉聊天談事，講講自己是如何成長起來的，只有管理者了解員工的故事，才能真正認識他。阿里「裸心會」的邏輯是，團隊成員要把自己的內心敞開，把自己心裡最真實的東西放在團隊裡互動和流動，只有敞開心扉，才能夠相互包容和彼此接納，團隊只有充分信任，才能共同做事。

事實上，「裸心」並不是阿里獨創，它是有管理理論支撐的，其背後的原理來自於「周哈里窗」（Johari Window）理論（見圖6-3）。

	他人知道 關於我的事情	他人不知道 關於我的事情
我知道 關於我的事情	公開	隱私
我不知道 關於我的事情	盲點	潛能

圖6-3 「周哈里窗」理論

應用「周哈里窗」理論，是為了讓管理者透過「裸心」找出團隊成員的訊息盲點。根據「周哈里窗」理論，一個人

的訊息可以分為以下四種：

公開：是指大家都知道的事情，即別人知道管理者也知道的部分，比如員工的學歷、長相、膚色、身高、體型、性別等等。

盲點：別人知道管理者卻不知道的部分，比如員工的缺點、侷限，自認為對員工很好，可實際上員工卻不這樣認為的事等等。

隱私：別人不知道但管理者自己知道的部分。比如，發生在員工生活當中不為人知、也不願意讓別人知道的一些事，例如埋藏於潛意識最深處的過往傷害、痛苦、身體上的特殊疾癥、奇怪的喜好等等。

潛能：即別人不知道管理者也不知道的部分。比如，員工將來能取得怎樣的成就、未來能釋放出的光采與能量，潛能是任何人都不清楚、蘊藏在生命深處最卓越的能力。

團隊成員告訴管理者並不清楚的事情，這樣的方式叫「回應」；員工公開管理者不知道的訊息，這樣的方式叫「披露隱私」。當團隊成員和管理者都這樣做的時候，就會激發團隊的活動，讓團隊彼此信任。**在團隊中，最可怕的就是「溝通黑洞」，不響應訊息，屏蔽自己的訊息不告訴他人**（見圖6-4）。

透過「裸心」，團隊成員坐在一起，彼此交流傾聽，不必過於小心或戒備，在交流中表達自己真實的想法；團隊成員之間能開開小玩笑，不至於生氣；基於團隊成員弱點的信任；不害怕承認自己的真實情況，不隱瞞自己的弱點，就不會捲入那些浪費個人時間和精力的辦公室政治……要做到這

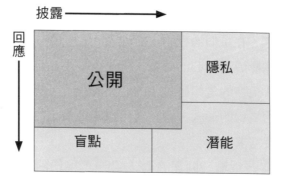

圖6-4 「周哈里窗」理論中的回應與披露

些，管理者首先要能夠搭起「場子」，讓團隊成員彼此敞開心扉。這個「場子」就需要管理者走進每一位團隊成員的內心，知人心、懂人性、識人欲。更重要的是，管理者也要讓員工走進自己的內心，這是一種信任，信任的建立是相互的。

要知道，當年衛哲在加入阿里三年時，阿里給他做了一場「三年成年禮」活動，馬雲組織了阿里的整個高管團隊對他進行了現場「炮轟」，還邀請了柳傳志、史玉柱這些外部人士一起參與，那次的兩個半小時經歷對衛哲來說是極大的心靈震撼。自從那次「裸心」之後，衛哲才真正融入阿里，在這之前他都是一個精英空降兵的角色。

那麼，管理者應該如何做好團隊的釋放點，讓團隊成員彼此「裸心」呢？

在團隊的釋放點上，有兩個很好的工具介紹給大家。

① 燭光夜談

燭光夜談就是管理者挑一個時間，大家坐在一起敞開心扉地聊聊天。在這個過程中，管理者一定要管住自己的嘴，認真傾聽團隊成員內心的聲音。燭光夜談不光是說工作中遇到的問題，更多的是傾聽員工的心路歷程，了解員工的成長路徑。藉由這樣的形式，管理者可以走進員工的內心，了解他們的真實需求。

2008年，戴珊（阿里合夥人之一，現任阿里B2B事業群業務總裁）出任淘寶HR，與當時的淘寶網CEO陸兆禧是搭檔。

有一天，戴珊去陸兆禧辦公室找他談事，走到門口時，她透過門縫看到陸兆禧一個人靜靜地坐在辦公桌前，眉頭緊鎖，一臉嚴肅。戴珊的心「咯噔」了一下，那一刻，她意識到陸兆禧太累、太孤獨了。擅於「裸心」的戴珊，決定與陸兆禧先來一次燭光夜談，而且就是現在。戴珊走進辦公室，坐在他的對面，輕言細語地問了陸兆禧很多私人問題。她了解到，陸兆禧一直都是自己一個人吃飯，下班後也不會和別人聚會。戴珊決定幫他改變這種狀況，她想打開陸兆禧的心扉，想走進他的內心。

在第一次燭光夜談之後，戴珊又找了一個晚上，組織了一個「裸心會」。她拉著陸兆禧和大家去喝酒，為了讓大家進入狀態，讓團隊裡藏不住話的「一燈」*打開話題，於是「一燈」說陸兆禧作為CEO沒有遠見、決定偏激、不懂

---

* 當時任淘寶網商業平台事業部總經理喻策的花名。

產品等等，這些話陸兆禧都接受了。在快結束的時候，戴珊讓陸兆禧也來講講自己的故事。打開了心扉的陸兆禧，講了他為什麼從支付寶來淘寶以及他的難處在哪裡。這次燭光夜談之後，陸兆禧發現，他和員工之間的融合有了很大改善。

② 情感雲霄飛車

情感雲霄飛車的具體做法有以下幾步：

第一步：給每位員工一張白紙，讓他們在這張白紙上畫一個軸，上面是正數，下面是負數，中間軸是員工從出生到今天的經歷。

第二步：告訴員工，從他有記憶的那一刻開始，若他覺得某一時間點是人生高潮，就把它標記在正數上；若他覺得某一時間點是人生的低谷，就把**它標記在負數上**。

第三步：把標記的這些點連起來，形成一個人的人生情感和經歷的曲線圖，稱之為「情感雲霄飛車」（見下頁圖6-5）。

第四步：做好前面幾個步驟後，把團隊成員聚在一起，讓每個員工根據自己的「情感雲霄飛車」講述自己的經歷。

這個工具能夠很快地讓大家了解對方，團隊成員之間一些不為人知的祕密會慢慢浮出水面，讓大家的心漸漸靠近。

管理者需要注意的是，在做情感雲霄飛車時，一般原計畫是兩小時，但大多數時候會超時，這很正常，管理者不需要刻意壓縮時間。如今的生活壓力很大，職場人士既要兼顧

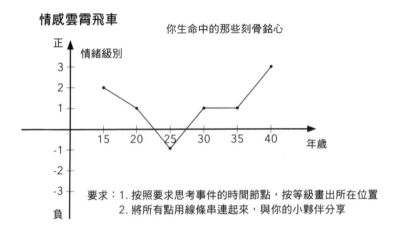

圖6-5「情感雲霄飛車」範例

家庭，又要認真工作，往往生活在「苟且」之中。所以當有機會傾訴內心的想法時，都會感慨萬千，有時說到情深之處還會流淚，這都在情理之中。

　　情感雲霄飛車是一個讓團隊成員彼此之間「裸心」的極佳工具，不管是在阿里帶團隊時，還是如今帶自己的創業團隊，我都會使用這個工具讓大家「裸心」。只有「裸心」，團隊之間才能真正地彼此感知、共情。

　　「裸心」的本質是以真誠為核心，交換訊息和互相加持，以賦予對方力量為前提開展的，不是催淚會，更不是批鬥會，是共識、共創的開放坦誠溝通，也是相互檢視的「真心話大冒險」，更是彼此內心最深處靈魂的觸碰。

✿ 甜蜜點：一個能夠讓大家感動的環節

甜蜜點是一個能讓團隊成員感動的環節。甜蜜點的一個最好形式就是給員工過生日。

事實上，如今很多企業也會使用這種方式來組織生活團建，但做著做著就變成了一種形式。給員工過生日，看似簡單，但其重點不在於形式而在於用心，在於甜蜜的情感。過生日即使沒有蛋糕也沒關係，可以用任何物件來代替。重要的是，讓過生日的員工感受到情感，感受到溫度。

我在阿里帶團隊時，記得有一次團隊裡有一位員工過生日，我們每人湊了10到20元買了一個小小的禮物寄給他的母親。大家可以想像一下，這位員工的內心會有怎樣的觸動？

除了生日，還有員工的到職紀念日、加薪日、升職日等等，都是甜蜜點的形式之一。我在阿里的天津大區做管理者時，有一次做生活團建，團隊裡有一位員工加入阿里已經五年了，是一位「老阿里」，因為工作時間久了，難免有點懈怠，業績並不理想，亟需激勵。我找到與這位員工要好的同事，特別是直屬主管，一共十幾人，每個人錄了一小段影片，回憶與他在一起共事的經歷，並在影片中向他表達祝福。我把這些影片放給這位老員工看，放到第二段，他就開始流淚了。放完之後，他對我說：「老大，這兩年之內你不需要再激勵我了，以後就看我的業績。」

這些讓團隊成員感動的環節，這就是情感的連結。

✪ 記憶點：留下可以記憶的存證，比如影片、照片

記憶點就是透過一場團建在團隊成員心中留下長久的記憶片段，比如影片、照片等等。沒有留存就沒有回憶，沒有回憶就像是沒有發生。

雖然如今有很多企業也會留下各式各樣的團建照片或影片，但大多只是掛在文化牆上積灰塵罷了，為什麼沒有達到生活團建的目的、不能引發團隊成員回憶呢？

主要原因是因為沒有讓團隊成員之間形成互相關懷、互相幫助的氛圍，如果沒有這種氛圍，那麼你的生活團建就是失敗的。

我在阿里帶團隊的時候，會每個月帶團隊做一次生活團建，比如帶有活力的成員集體去騎飛輪；帶文藝男女青年去大海邊散步；帶年輕的成員去打羽毛球；帶年長的成員去爬山……每一次團建，每一個地方，我都會存下照片，回來後，我會寫一封情義綿長的郵件，發給每一位團隊成員。這些照片，我到現在都還保留著。

以上就是管理者做好生活團建的三個關鍵點，生活團建做好這三個關鍵點，就能達到團建的目的。

> **管理者練習**
>
> 管理者要帶著自己的團隊做一次情感雲霄飛車，讓員工找到今年的目標、使命、願景、價值觀。管理者要把團隊每個人的情況，寫成書面報告。

/ 6.5 /
生活團建二：五個一工程

在上一節裡，大家知道了做生活團建不是簡單地讓團隊成員放鬆心情、吃喝玩樂，而是要打造一個有溫度的團隊，讓團隊成員之間彼此共情。要達到這樣的目的，就要做好三個關鍵點（釋放點、甜蜜點、記憶點）。那麼問題來了，管理者如何在做生活團建時落實這三個關鍵點呢？

在阿里，生活團建常用的工具是「五個一工程」（見圖6-6）。

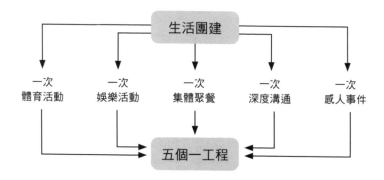

圖6-6「五個一工程」工具

「五個一工程」很好理解，就是管理者在一年的時間裡，至少要帶著團隊成員做一次體育活動、做一次娛樂活動、進行一次集體聚餐、和每位員工進行一次深度溝通、做一次感人事件。

⚫ 和團隊的每一位員工做一次深度溝通

生活團建旨在搭建管理者與員工之間溝通交流的平台。在這個平台上，沒有領導者與員工的等級之分，所有人都可以「裸心」交流。要知道，今天98%以上的管理問題都是溝通問題。一個合格的管理者一定要具備強大的溝通能力，用自己的坦誠溝通去解決問題。

在生活團建的「五個一工程」裡，和團隊的每一位員工進行一次深度溝通是管理者最重要的團建內容，同時也是最不容易做好的。

和員工進行深度溝通在管理工作中起著至關重要的作用。當管理者做好這次深度溝通時，管理者才能全面了解員工的思想精神狀態，發現他們的潛力與不足，及時化解矛盾，增強團隊凝聚力。從某種意義上來講，**和員工進行一次深度溝通是最有效的感情投資**。

然而，在我為企業做管理培訓的過程中，我發現很多管理者在和員工進行深度溝通時，沒有溝通到位，主要表現在管理者的獨斷行為、溝通管道不暢通、不夠坦承、缺乏自我檢討、沒有同理心等等，因此管理者要採取有效的溝通技巧來做好和員工的深度溝通，達到生活團建的目的。

提倡「快樂工作」的阿里自然不會忽視溝通問題。隨著阿里不斷擴張，特別是併購了一些企業後，大量新員工的集體加入會引發「文化稀釋」現象，他們此前的企業文化會與阿里巴巴的價值觀念存在不同程度的衝突。唯有暢通的溝通機制，才能加深他們對阿里文化價值觀的認同，從心理上成為真正的阿里人。

在阿里，管理者和員工進行深度溝通時要注意兩個要點，即傾聽和同理心。

① 傾聽

管理者在和員工的深度溝通中，至少應該花80%的時間去傾聽。傾聽，對於深度溝通非常重要。然而，在很多管理者的腦海裡，溝通似乎就是一種動態的過程，而傾聽這一靜態過程就被忽視了。

以下幾種表現是管理者在與員工進行深度溝通時，不注重傾聽的表現：

- 耳邊風：左耳朵進，右耳朵出，完全沒聽進去。
- 敷衍了事：用「嗯」、「喔」、「好好」等詞來敷衍員工。
- 選擇性地聽：只聽合自己的意或口味的話，與自己意見相左的內容自動過濾掉，或者不停地打斷對方。

說到這裡，我也要反省一下，我在溝通方面也做得不到位，比如在跟我的行銷總監進行深度溝通時，會不斷地打斷他，這是我需要改正的地方。

作為管理者，一定要發自內心地傾聽員工的心聲。因為傾聽能激發對方的談話欲望，激發更深層次的溝通，從員工說話的內容、聲調、神態，了解員工的態度、期望和性格，從而達到生活團建的目的。傾聽是一門藝術，傾聽更是心靈的交流與碰撞。**一名優秀的管理者必定是一位優秀的傾聽者。**

管理者要做到積極傾聽很簡單：一是不輕易打斷對方。聆聽的時候不要插嘴，盡量把你的話語減到最少，面對員工，輕鬆自如地和員工保持良好的目光接觸，目光接觸的另一個含義是「我正在聽你講話」。

馬雲曾經對阿里的管理者強調：「管理者要謙虛，懂得尊重別人，用欣賞的眼光看別人……」他最有魅力的不是他的語言，而是他跟人講話的時候，不管對方是誰，他的眼睛都注視著對方，讓人感覺自己受到重視。管理者要體現出自己的價值，讓團隊感受到來自你的強大支持。絕大部分人對現狀都是不滿意的，當你真正要改革的時候，提出意見的一定是他們，而且身體力行地支持改革的也一定是他們。

二是不要立即下判斷。管理者常會在一件事情還沒有搞清楚之前就下結論，所以要保留對員工的諸多判斷，直到事實清楚、證據確鑿。注意自己的偏見，誠實地面對、承認自己的偏見，並且聆聽員工的觀點，容忍員工的其他意見。

三是回饋。用你自己的話複述員工剛剛說過的話，可以這樣說：「你的意思是……」這表明你心無旁騖地傾聽員工說話。同時，也能確認自己是否已經正確理解了員工表達的意思。

② 同理心

什麼是同理心？

說複雜點，同理心就是站在員工的角度和位置上，客觀地解員工的內心感受，並且把這種理解傳達給員工。

說簡單點，同理心就是「己所不欲，勿施於人」。將心比心，也就是設身處地去感受、去體諒員工。

我在阿里帶過四個團隊，在帶第四個團隊——「王者歸來」時，上一任管理者跟我說，團隊裡有個女員工上個季度的績效考核被打了「1」。在阿里，員工績效考核連續兩次被打「1」就要被開除了。

和上一位管理者溝通過後，我了解了一下這個女員工的情況。我評估她的個人能力是沒有問題的，她之所以被打「1」是因為剛休完產假回來，所有的精力都在孩子身上。雖然我是男性，但我也知道孩子對於媽媽的重要性，所以我在跟她進行深度溝通時，沒有說讓她兼顧好工作之類的話。我只是問了她幾個問題：

> 當你50歲的時候，作為一個媽媽，你希望在孩子心目中是什麼樣的形象？
>
> 如果你想創業，今天你被開除了沒關係，拿補償走人；如果你不想創業，你還想在這裡工作，那阿里的這份工作對你的價值有多大？
>
> 若你出去找工作，你能找到比阿里更好的工作嗎？

當我問完這幾個問題後，這個女員工的問題已經被解決了。為什麼？

因為我在與她「裸心」溝通的時候，沒有站在我的立場去要求她，而是從她的視角去思考她的個人發展問題，運用同理心幫她想清楚自己到底想要什麼。當這些問題一一明朗之後，她的問題就迎刃而解了。要知道，**沒有任何道路通往真誠，因為真誠本身就是一條道路。**

除了在個人層面要有這種共情的深度溝通之外，在整個團隊的層面上，管理者要把「職場」做成「情場」。什麼叫把「職場」做成「情場」？外界聽到這個說法，會覺得阿里奇怪。工作就是工作，在工作中付出拿到回報，然後獲得評價。根據結果獎賞懲罰，這不就是工作嗎？沒有人願意關注情感上的歸宿。

這是一種偏執理解。「職場」這個詞不能將我們的工作環境全面、豐富而完整地概括出來。其中缺失的元素是什麼呢？職場，除了是一個職業活動場所之外，還應該是一個情感交會的場所。

我們可以算一下，這一生中有多少時間是在工作？我們和同事在一起的時間，是不是比和自己父母在一起的時間還要多？如果說你和同事一起工作的時候，感受不到心靈的成長，感受不到快樂和豐富，感受不到獲得成就的喜悅，那麼工作將變成一件特別痛苦的事。每天早上睜開雙眼，想到又要和這些人在一起，又要看上司的臉色，還要面對一大堆讓自己不開心的事情……員工能有什麼動力讓自己保持飽滿的工作熱情呢？

如果管理者只是把團隊看作一個「職場」，只關注自己的目標，把員工看作資源，這樣做的結果是：危機來臨時，員工會第一時間離開；如果管理者把團隊看作「情場」，就會用真情去關注員工的成長，牽掛團隊成員的喜怒哀樂。當危機來臨時，員工才會與管理者同舟共濟、患難與共。

所以，管理者要在工作場所裡，營造出一種「情場」氛圍──不僅在一起工作，同時也要共同生活，享有相同的精神領域。在這樣的氛圍下，員工的心靈是放鬆的，可以更清醒地了解周圍的夥伴，更加熱愛生活、同事和工作。作為管理者要時刻問自己：

> 團隊中這幾個年輕人跟著我，把自己最好的青春交給了我，我給了他們什麼？

這是管理者應該思考的。時間就是生命，一個員工跟著你工作了兩、三年，他們付出了時間。作為管理者，如果我們不能用心地幫助員工成長，就是我們的失責。

那麼，管理者如何把「職場」打造成「情場」呢？

關鍵就是兩個詞：**起心動念、將心注入**。起什麼心？動什麼念？得什麼果？如果管理者把團隊成員當成工具，那你得到的就只能是「大難來臨各自飛」的結果。團隊的情感是從點滴開始積累的，管理者要真誠地幫助員工，用心與員工溝通，每一次談話和輔導都是內心走入內心的過程。

❀ 一次感人事件

將感人事件落地到生活團建實操時，管理者往往容易走偏。我在為企業做管理培訓的過程中發現，很多管理者把感人事件做成了「員工關懷」，而員工對於這種關懷是毫無感覺的，員工會認為這是企業、管理者應該做的。

比如，很多公司會在中秋節發月餅，這就是典型的「員工關懷」。如果公司不發月餅，員工會覺得公司沒有人情味；如果公司發了月餅，員工會認為這是公司應該做的。

現在，很多公司都會出現這種情況，把一些感人事件做成了員工覺得公司「應該」做的事。其實，「員工關懷」在本質上不是公司去關懷，「員工關懷」應該是員工之間互相關懷，但還是公司花錢，只是這些「員工關懷」要由公司的行政、HR和團隊夥伴共同發起。

「員工關懷」不是大事，猶如家裡兄弟姐妹之間的關懷一樣，都是由一點一滴的小事組成。**事不在大小，關鍵要做到員工心裡**。做得最好的「員工關懷」就是當團隊成員出去工作了一天，回來之後公司為其準備了一杯熱茶、一碗熱粥，這些舉動才是深入內心的。

阿里對員工的關懷在業內有著很好的口碑。比如，阿里有一個父母關懷計畫，認為關愛員工的父母和家人，員工對企業的黏著度會更高。在這個計畫裡，員工的父母體檢是由公司付費，為員工提供30萬元的買房無息貸款，為員工舉辦集體婚禮等等（說實話，這些成本還是挺高的）。真正的大企業不是看它的資產有多少，而是看它是否把每個小承諾都

實現，把事情做到員工心裡，這就是最好的感人事件。

　　上面我為大家詳細地講解了在生活團建中如何做好深度溝通和感人事件，這兩個層面是管理者最容易忽略和做不好的地方，同時也是生活團建的核心所在。除了這兩個工程，生活團建裡的一次體育活動、一次娛樂活動、一次集體聚餐這三個工程很好理解，在前面的章節裡我也說了很多，也是管理者使用最多的方式，具體細節我不再贅述。

管理者練習

管理者應帶著團隊成員在一年的時間裡做好「五個一工程」：

1. 和團隊的每一位員工進行一次深度溝通。
2. 做一次感人事件。
3. 和團隊成員做一次體育活動。
4. 做一次娛樂活動。
5. 進行一次集體聚餐。

/ 6.6 /
目標團建一：戰爭啟示錄

　　企業是透過滿足客戶需求從而實現商業價值而存在的，最終企業的行為還是需要獲得業績結果，站在這個角度上，目標團建是最好的團建方式，企業透過目標團建去幫助團隊成員找到最真實的自我，突破極限，讓夢想和激情永續。

　　一個團隊打勝仗有三個重要的過程，我將其分別定義為喚醒贏的本能、創造贏的狀態、實現贏的目標。它們分別匹配三種不同的團建方式：喚醒贏的本能是思想團建，創造贏的狀態是生活團建，而實現贏的目標是目標團建。

　　那麼，目標團建應該如何做呢？

　　阿里最常用的目標團建方式是「戰爭」，透過「戰爭」去凝聚團隊。需要注意的是，這個「戰爭」不是讓管理者帶著團隊成員去和競爭對手打架，而是帶著團隊為了目標奮鬥。

💠 阿里的「雙11」大戰

　　每年的「雙11」，是阿里每個團隊面對的最大戰役。每年在打響「雙11」戰役之前，各個團隊都要報目標。讓人震撼的是，各個團隊不是報1500億元或者2000億元，而是喊口號：活著！活著！（指系統正常運轉）大家可以想像一

下，「雙11」零點那一刻，支付寶將面臨多大的壓力。

2012年是阿里「雙11」戰役壓力最大的一年。當年的「雙11」戰役從5月開始就已經在阿里打響，每個事業部那幾個月全部工作精力都投入在「雙11」了。每個部門都做了好幾套備案，只等著「雙11」零點的到來。

2012年「雙11」零點時，各種系統報錯、立刻下單報錯、購物車支付報錯、支付系統報錯、購物車的東西丟失……當時整個技術部門全員就位，立刻開啟了事先準備好的備案，經過緊急排查和處理，到凌晨1點時，系統各項指標都慢慢恢復了。當時，整個技術部門的人集體癱坐在椅子上，身上的衣服全都被汗水浸溼了。

「雙11」戰役始於2008年，淘寶天貓當時一天的銷售額是5000萬元。到了2009年，金額變成9億元，再到2018年突破2135億元。「雙11」戰役不是一、兩個團隊在打，而是技術團隊、營運團隊、前線、後台、GR等所有部門一起參與，每一次都會推動產品和技術的升級。對於阿里來說，這就是每年一次的大團建。

阿里透過不斷地「打仗」總結出了四大「戰爭啟示錄」，不斷地在「戰爭」中打造團隊。

🐾「打仗」是最完美的團建，是團建的最高表現形式

團隊成員在一起吃喝玩樂是一種團建，但最完美的團建是一起達成目標。很多頂級業務員轉型成管理者後，總喜歡

拚到最後一刻，試想一下，能帶著團隊拚到這一刻，這樣的團建效果一定很好。

這種帶領團隊「打仗」的傳統是在阿里慢慢鑄就的，從一開始「中供鐵軍」對抗環球資源，到後期淘寶對抗ebay，再到現在對抗微信，員工都是在這種「戰爭」中不斷磨煉出來的。每一個市場，每一個部門都經歷過這種方式。

人性的本質是懶惰自私的，我們不太可能改變一個人的本性，但我們可以透過一場場戰役去激發團隊。團隊在戰役中不斷地歷練，久而久之就可以適應當下環境的規則。

比如阿里史上的「百團大戰」，就是一場蕩氣迴腸的戰役，一場酣暢淋漓的戰鬥。

「百團大戰」是阿里在外貿公司員工中組織的一次比賽，旨在藉由比賽形式，使外貿人員發揮出自己的潛力，提升自己，間接地給企業培養優秀的員工。因為阿里巴巴是眾多中小企業的平台，所以參與者眾多，故稱「百團大戰」。

在阿里，每年3、6、9、12月均為「中供鐵軍」的大戰月，幾乎每個月都能塑造出無數的標竿和榜樣，幾乎每個月都能完成以往前三個月業績的兩倍，甚至更多。如今，眾多的阿里平台企業加入阿里「百團大戰」的戰鬥中，在阿里人的指導下，在專業的培訓下，均創下了業績新高。

我至今還記得，在那場「百團大戰」開戰之前，有的團隊舉行喝「雞血酒」的儀式。管理者買來一隻雞，給每個碗裡倒上「雞血酒」後，讓每個人上臺報目標。酒乾了，碗砸了，戰鬥的氣氛來了。大家可以想像一下，一個團隊帶著這樣的士氣去「打仗」，會是什麼樣的結果？

可以說，如果沒有這樣的「戰爭文化」，就沒有「中供鐵軍」的魂，沒有「中供鐵軍」就沒有今日的阿里。成功不是說出來的，也不是做出來的，而是拚出來的；是一群人，放下所有雜念，奮不顧身，用汗水和血水闖出來的。

❸ 打仗能夠幫助團隊成員找到最真實的自我

如何讓一個業績普通的員工有所突破？如何讓一個員工的業績提升三倍？這不是管理者簡單說幾句話就可以實現的。如果管理者不能搭起這種舞臺、營造這種場景、給員工興奮的工作狀態，員工業績怎麼能提升呢？

所以，「戰爭」最好的一個功效就是幫助團隊成員找到最真實的自我，突破極限，讓夢想和激情永續。管理者要搭起舞臺、營造出場景，讓團隊成員在這個舞臺上充分地發揮，充分地綻放，讓他們用業績去鑄就成就感。

我在上面說的「雞血酒」，就是為了營造一個「戰爭」的場景，點燃員工的激情。事實上，阿里的每次戰爭（PK），各個團隊都會「造場」，看起來頗有點「梁山好漢」的意味。鐵軍是鐵漢柔情，講鐵軍必講血性。

❸ 創立一個精神，塑造一個軍魂，構建一片土壤，使其成為文化

這是「戰爭」的關鍵，「戰爭」的意義就在於此。團隊精神、團隊的魂就是靠不斷的戰鬥鑄就的，它是從團隊成立

開始慢慢沉澱下來的。

如今，業內很多人說到阿里的「中供鐵軍」，都會豎起大拇指，然而「中供鐵軍」的精神不是現在的阿里人鑄就的。阿里規定，工號20000號以後的員工不能再稱為「中供鐵軍」。因為這些員工沒有經歷過殘酷市場的淬煉。

2006年，我剛開始做跨境電商時，主要幫助客戶做海外出口業務。當時北方市場的客戶幾乎不做出口業務，我們聯繫了三、四百家鋼材客戶，發現只有一、兩家在做出口業務，而這兩家還是透過南方的外包公司來做的。我們找到這些鋼材老板，跟他說：「你需要先從內貿轉外貿，再買一個阿里巴巴的出口通就能實現出口。」這是在改變客戶的戰略，大家可以想像一下：一個剛畢業一、兩年的小夥子去跟客戶談這些東西，客戶肯定不會相信。所以晚上回公司後，管理者對我們進行了大量的培訓——演練、輔導，不斷地「陪訪」，有的客戶甚至是我們上門拜訪了60多次才簽下來的。當時的市場真的很難做。所謂「艱難出英雄」，「中供鐵軍」就是這樣一步步歷練出來的。

這就像一個企業的企業文化，很多企業說文化是規劃出來，文化是設計出來的，這是一個很大的誤解。企業的文化是內生出來的，是演變出來的，文化是創辦人和創始團隊在最艱苦的歲月中沉澱的基因，然後慢慢在組織裡生長出來的。

✪ 成長的最好的磨煉，內化成強大的力量

對於管理者來說，每一次「戰爭」都是管理力、領導力最好的修煉。管理者是否相信目標？能不能帶著團隊去打贏這場仗？這是對管理者自身最大的考驗。

我當時接手第三支團隊「大航海」的時候，團隊新簽和售後的指標排名都在最後。我用了一年半的時間，把這支團隊的業績帶到了區域第一。如果說「中供鐵軍」的魂是團隊，那團隊核心就是執行力和團隊精神。我還記得，我帶著「大航海」團隊時，所有的細節我們會一起討論，大家一起執行。為了打大量的電話，團隊每個人都有兩顆備用電池。我把主要精力放在員工的成長、成就、開心三個方面。「大航海」團隊每天會進行獎罰處置，做得好的人每天晚上分享，讓他感受成就感，分享之後，團隊進行總結。另外，在每週日晚上，所有員工都聚集在一起開週會。在這個過程中，他們不斷總結，持續收穫。

透過帶團隊「打仗」，不僅讓團隊蛻變，更重要的是，我自己也得到了蛻變。我的管理能力、溝通能力、領導能力等都得到了很大的提升，這為我現在的創業打下了很好的基礎。

✪ 戰爭的核心三元素

克勞塞維茲（Carl Von Clausewitz）在《戰爭論》（*Vom Kriege*）中如此寫道：勝利源於所有物質和精神方面的優勢總和，一場完美的戰役也是基於此策劃的，只有戰場才能讓一

個人成為將軍。

一場戰爭核心的三個元素分別是：狀態、資源和策略。三個元素中，最關鍵的是狀態。不是過程決定結果，決定一個團隊最終結果的是興奮的狀態和必備的技能。

狀態是整個大戰中最有技術含量的部分，通常由三部分組成：

一是道具傳遞。道具是一種物語，我們透過「設物」實現「管心」，所以要進行與「贏」的狀態相關的物品布置，比如說有氣勢的橫幅，上寫「將有必死之心，士無貪生之念」或是「刀鋒入骨不得不戰，背水爭雄不勝則亡」諸如此類的話，通常這些物品有：夢想業績牆、掛橫幅、英雄榜、戰鬥日誌、衣服頭巾、戰鬥手環、郵件簽名、微信簽名、挑戰書等等。

二是儀式傳遞。儀式的傳遞也是狀態傳遞中最重要的一環，分為團隊啟動、文化遊戲、成功製造三種。

三是訊息傳遞。當戰役開始時，並不是所有人都能馬上全情投入進去，大概有20%的先驅者，有70%的觀望者，有10%的懈怠者，如何盡快讓觀望者快速加入戰鬥，這時候勝利成果和激勵語言的及時傳遞就非常重要，最好是做到隨時隨地製造成功，傳達管道有很多：簡訊、微信、釘釘以及每天的晨啟動、午啟動會等等。

管理者練習

管理者帶著團隊做一次模擬大戰。比如把團隊分成兩個小組，設計一個主題，讓他們進行「PK」。

/6.7/
目標團建二：如何帶領團隊打好一場仗

　　在阿里，我們用一個很形象的詞去描述目標團建，叫「打仗」，也叫「PK」。

　　其實這個詞很多企業都在用，特別是很多企業的業務團隊在衝業績時，常常會用這個詞來為自己的團隊造勢。只不過，阿里把「打仗」這個詞放在團隊狀態、團隊成長的層面，這才是「打仗」及目標團建的目的。

　　阿里最早稍具規模與影響力的一次「打仗」是在2006年8月，當時阿里寧波區的經理執導了一場「諾曼第登陸戰役」。所有的主管、經理、HR都統一著裝，此次戰役的目標是使寧波區域的業績更上一層樓。那是「中供鐵軍」的第一場戰役，此次戰役打響後，各個團隊「殺」得昏天黑地，「戰爭」結束後，寧波區的銷售業績創下了歷史新高。

　　所謂「時勢造英雄」，自從寧波區的「諾曼第登陸戰役」勝利結束後，「打仗」文化在阿里蔚然成風。在各個區域、各個主管組，包括團隊內的每個人都在進行著不同的「戰役」。這時，個人英雄與團隊英雄都開始不斷湧現。由於阿里始終重視組織與團隊建設，因此出現了一大批「傳奇團隊」和「傳奇英雄」，比如孫利軍的「大聖戰隊」就是赫赫

有名的戰隊之一。

　　一場完美的戰爭要有炮火連天的戰場、酣暢淋漓的戰鬥、持續增長的業績和不驕不躁的心態。

　　透過一場場「戰爭」，各個團隊都受到了前所未有的磨煉，團隊的凝聚力、信任力以及團隊成員的潛力和管理者的領導力，都大幅度提升了。尤其對於管理者來說，要讓團隊的每個成員參與打仗、完成戰鬥到打勝仗，是一件非常有挑戰性的事。那麼，管理者如何才能帶領團隊打好一場仗？「中供鐵軍」這支隊伍到底是怎樣作戰的？他們有沒有可以複製的方法？他們靠什麼在凝聚人心呢？

　　下面，我從大戰前、大戰中、大戰後三個階段，完整揭祕一名管理者在阿里是如何帶領團隊打好一場仗的。同時也記錄一下那些我們曾經「灑熱血」的戰鬥。

🐾 大戰前：啟動會「四件寶」，要有儀式感

　　在阿里，每年的3、6、9、12月是大戰月份，從大區到主管，再到團隊裡的個人，都要輪番開展各種會戰。

　　大戰之前，我們會詳細策劃、準備大戰的各個環節，開各種會議。以12月最後一個季度的大戰為例，我們的會議時間列表如下所示：

　　　　10月中旬：大戰正式啟動
　　　　10月底：大區經理會議

11月中旬：大區主管論壇

11月底：「百萬啟動會」

為什麼要開這麼多會？目的是為了讓團隊的所有人透過各種會議共同看見目標。這是大戰前的核心。

業務員葉松傑在《我的啟動會生涯》中，記錄了當年啟動會的場景：

> 「最初的啟動會議，一個區域十幾二十人拿著板凳坐在一起，某人起來講個笑話，然後經理發言，並推薦這一週簽單的人，最後大家一起呼喊口號，結束。從2005年開始，辦公室已逐漸無法容納所有人，來自各聯絡點的人都一起來了，於是就開始在外面找場地。從那時起，主管會議有了啟動大週會的議程。這一次大週會是搞笑路線還是分享路線，大家一起想辦法。那個時期的大週會讓大家都有很大的收穫。」

從2007年開始（也就是我進阿里的第二年），阿里的啟動會從培訓銷售能力與演練逐漸變成模板化的銷售宣講。在大週會上的啟動會以激情、血性、執行力為核心，啟動會成為激情宣洩的舞臺，每個區域的啟動會都辦得熱火朝天。

在這裡，需要特別指出的是：大戰前的啟動會一定要有儀式感。管理者一定要把大戰前的氛圍透過各式各樣的儀式傳遞給團隊的每一位成員。

那麼，管理者具體如何開展這些啟動會呢？

在阿里，啟動會有「四件寶」（見圖6-7）：

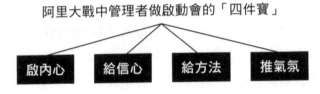

阿里大戰中管理者做啟動會的「四件寶」

| 啟內心 | 給信心 | 給方法 | 推氣氛 |

圖6-7 啟動會的「四件寶」

第一件「寶」是：啟內心。啟動會要能夠啟動員工的內心，讓團隊成員發自內心地想贏下這場戰役，完成目標。要想啟動員工的內心，就要觸動員工的心靈，將心注入，這就需要管理者開展用心且有溫度的工作。

阿里常用的方法是：看影片、做拓展、量目標和爭榮譽。

值得注意的是，在早年的阿里，一些團隊會採用「綁頭巾」、「喝雞血酒」的方式來啟動員工的內心，但現在恐怕已經行不通了。如今管理者再採用鐵血啟動，比如每個人都在臺上瘋狂喊目標，這種「打雞血」的方式對於很多員工來說，只能啟動表面，啟動不了內心。很多員工可能礙於情面，表面上配合，但內心其實是抗拒的。

所以如今，管理者在啟動內心的運作上，還是要根據員工的內在需求而定。比如對於「90後」員工、「00後」員工，要多利用一些關於青春、關於夢想的形式去啟動內心，這些形式最容易激發人的奮鬥熱情。

第二件「寶」是：給信心。大戰前的啟動會最重要的是增強團隊成員的信心，做到這一點最好的方法是找到和他同

類型的夥伴，現身說法、親自分享。

阿里常用的方法是：讓曾經做過百萬業績的員工向團隊成員分享真實經驗。

第三件「寶」是：給方法。大戰前的啟動會除了內心動力和信心之外，還要有可落地的有效方法作為支撐。管理者要給團隊成員一條能實現目標的「康莊大道」，確保每個團隊成員上戰場的時候他的武器是擦亮的，子彈是充足的。

第四件「寶」是：推氣氛。大戰啟動時一定要把氣氛推到極致，在阿里也叫營造氛圍、促進競爭、勇於突破。阿里在這方面有很多的方法可以借用，比如報目標、PK、授旗等等。

我在阿里待了近十年，見過的「啟動會」不計其數，其形式也是各式各樣。除了正常的報目標、下軍令狀、分享之外，有的團隊還會做一些活動，比如手挽手肩並肩闖關、拔河比賽，常用的工具有：鑼鼓、紅頭繩、戰爭影片，這一類活動一般出現在大戰時（3、6、9、12月）；對個人故事的採訪、家人的錄音、感人的影片，這一類活動一般出現在需要團建時，比如春節後的大週會等等。

不管是什麼樣的「啟動會」，使用什麼樣的工具，管理者一定得讓它具有儀式感，讓團隊成員在這種儀式感中找到自己的「燃點」，盡快進入狀態。事實上，「老阿里」仗打多了會感到疲勞，這時需要管理者把「打仗」的氛圍營造出來，讓他們進入狀態，充滿激情。

啟動會在整個戰役中的作用非比尋常，甚至影響成敗，所以，幫助團隊成員找到「為何而戰」的理由，顯得至關重

要。同時謹記激勵的三大原則：激勵自己；融入情感；懂人心，通人性。

⚙ 大戰中：「黃金五件事」

大戰正式拉開序幕後，整個團隊都在前線拚殺，作為管理者同樣不能掉以輕心。那麼，在大戰進行的過程中管理者要做哪些工作呢？

在阿里的大戰中，管理者要做的是「黃金五件事」（見圖6-8）。

阿里大戰中管理者要做的「黃金五件事」

激勵與節奏　　檢查　　立標竿　　關懷　　文化

圖6-8 「黃金五件事」

第一件事：激勵和節奏。管理者一定要有明確的激勵措施，把節奏帶出來。

所謂「重賞之下，必有勇夫」，既然想打一場聲勢浩大的大仗，激勵更多的人去完成目標，採取的激勵手段就要與平時有所區別。再者，此時的激勵已不單單是對節奏的把控，更是對目標的一個分解。

舉個例子，如果部門業績目標是600萬元，第一週要完

成150萬元的業績，由五個人去共同完成，平均下來每個人要完成30萬元的業績。但30萬元只是目標，我們所要激勵的是業績率先突破40萬元的人，對他們進行重賞，這樣才能讓其他人在重賞之下，不斷突破，勇創佳績。

我們要想方設法將激勵轉化為一根指揮棒，讓這根指揮棒去帶動並轉化員工的立場和力量。具體而言，我們可以從個人、團隊、破單率、大單、快槍手、業績TOP、破歷史新高、某一個業績高點（如完成百萬、合作百個客戶數之類）等方面入手實施。當然，再好的激勵措施也不要先斬後奏，一定要秉持先宣布後實行的策略，並且兌現激勵的時間愈快愈好，這樣才能收到立竿見影的效果。

以上所講都是激勵之術，但在實施的過程中，也不能忽略了激勵之道。激勵之道歸納起來，可分為以下三點：一是不懂得自我激勵是無效的激勵；二是不融入感情的激勵是無效的激勵；三是不懂得人心、人性的激勵是無效的激勵。

第二件事：檢查。管理者要時刻檢查，實時報導數據，及時覆盤。

一般來說，每個團隊在晚上都會有分享會、總結和覆盤會，另外，每週都會根據「271」制度進行排名，誰是「2」，誰是「7」，誰是「1」，員工相互評分，得分為「2」的人會分享他這一週的收獲、規畫及相關思考，得分為「1」的人會談談自己的感受等等。

第三件事：立標竿。管理者要及時分享「戰報」，把團隊成員獲得的業績分享給團隊裡的其他成員，將標竿樹立起來。需要注意的是，HR發的戰報是真實的，管理者自己發

的戰報可「根據需要」選擇地通報，主要目的是激發一線「戰士們」的鬥志。

第四件事：關懷。「剛要剛到骨子裡，柔要柔到內心裡」。一線人員奮力拚搏，管理者在後方要提供無微不至地關懷。

比如我聽說阿里最知名的團隊「大聖戰隊」為員工找了三個保姆，一個是做飯的，一個是做清潔的，一個是洗衣服的，目的就是為了讓團隊成員放心在前線「打仗」。再比如我的團隊，每天我都帶著團隊一起去放鬆一下，緩解白天「打仗」的疲勞，那時整個團隊在一起的氛圍特別好，就像一家人。

第五件事：文化。管理者愈是在大戰時期愈要有一雙發現美的眼睛，要發現大戰裡每一個團隊成員的優點，要清楚自己的目標，我們要什麼、不要什麼。

◑ 大戰後：及時兌現榮譽

大戰後最重要的是及時兌現榮譽。在阿里，每一場大戰結束後，我都會讓團隊業績最好的成員站在聚光燈下接受獎勵，並讓他在整個團隊和家人面前，把大戰中所經歷的事情全部分享出來，去感染在場的每一個人，讓團隊的其他成員感受這份榮耀感。

以上就是一個目標團建的完整過程，也是一個管理者在帶領團隊「打仗」時，需要在大戰前、大戰中、大戰後做的工作。

以我在阿里工作近十年的經歷來看，打好一場仗不是一、兩次戰役的結果，阿里之所以現在的每場仗都能打出好成績，也是因為打了十幾年才有的效果。俗話說「一口不能吃個胖子」，想要打好一場仗，管理者要不斷地重覆、不斷地實踐、不斷地總結才能掌握其中的精髓。

最後說一點我的感悟：現在的我，很感謝在阿里的那一場場大戰，感謝我的對手，感謝我的團隊。我們身處和平時代沒有硝煙，做業績就是我們的戰場。感謝阿里，給我注入了戰鬥的血液。這樣的血液使我現在面對任何困難都不做「逃兵」，奮勇直前，愈戰愈勇。

管理者練習

管理者帶著團隊進行一場酣暢淋漓的大戰，比如把這個月的 KPI 做到×××（具體的數字）。在這個過程中，做好大戰前的啟動會、大戰中的「黃金五件事」、大戰後的獎勵等工作。

/6.8/
目標團建三：
借假修真，透過現象看本質

上一節我講了管理者如何帶領團隊打好一場仗，那麼打好一場仗究竟能給團隊帶來哪些方面的改變呢？

如今很多企業也在「打仗」，但效果不理想，反而目標達不成時還會傷了團隊的士氣。究其原因有兩點：一是管理者在「打仗」的過程中只注重目標的達成，只是為了市場的開拓，不關注員工的成長，只停留在「事」的層面；二是管理者在設定指標時往往會上浮一倍甚至更高，希望以此提升員工的積極性，完成保底指標。這樣會讓團隊很快觸碰到天花板：團隊非常努力，但是仍沒有完成指標，也沒有達到管理者期待的業績，團隊成員會產生挫敗感甚至想放棄。

那麼，管理者要如何做才能讓團隊在「打仗」中得到成長呢？

在阿里，我們經常會說到一個詞——借假修真。

通俗地說，借假修真就是借著做一些事情，達到另外一個目的。與「明修棧道，暗渡陳倉」有異曲同工之妙。

把它應用到目標團建裡，管理者要思考：什麼是借假修真？

目標團建裡的借假修真，就是借打好一場仗的假，修追求業績的真；借取得業績的假，修團隊成長的真；借團隊成長的假，修個人成長的真；借尊重人性、回歸本質、挖掘真善美的領導方式去修團隊文化，這就是借假修真。

要想真正理解目標團建裡的借假修真，可以從兩個層面入手。

借打仗修精神，借精神修成長

在日常管理中，管理者時常會把「團隊合作」、「利他精神」等品質掛在嘴邊，但這些都只是語言的傳遞而已。只有在大戰中才能真正體現什麼是團隊合作。真正的團隊合作是不計個人得失，為了團隊目標全力以赴，幫助夥伴成功，成人達己，體現利他精神。**戰爭永遠是體現團隊精神最好的場景。**

在阿里，我們常說：「我們只想創造這樣的一個月份，那就是今後無論何時何地，當我們遇到多大困難的時候，回想起這個月我們奮鬥的場景就能得到激勵和希望，這就是我們最大的原動力。」

戰爭的場景和清晰的目標，這種來自於外在的壓力和內在的動力，會讓一個人徹底突破。當你走在未來的人生之路，或者在職業生涯的發展過程中遇到困難時，這些大戰時的收穫就會成為底層的核心競爭力，這也是管理者在借假修真的層面希望能夠讓員工收穫的東西，也就是我們一直提的：**一個團隊其實應該是一個道場，這個道場能夠真真正正**

激勵員工成長。

只有讓員工感受到自身的成長，他們才能全身心地投入戰鬥中，這也是阿里經常說的「一顆心、一張圖、一場仗」。只有在戰鬥中砥礪前行，才能讓團隊精神得到昇華，才能鑄就鐵血軍魂。一起經歷了共同的戰鬥，共同達成為之奮鬥的目標，留下自己的傳奇，最終成為一生的回憶。

戰鬥要讓團隊的每個成員得到自我突破和成長，這場仗才算真正做到了借假修真。

◐ 借機制修團隊，借團隊修成長

員工個人的成長依托於整個團隊的成長，為了能幫助員工修煉業務能力、目標感和結果思維，不斷突破極限和潛能，管理者更要注重從機制入手。

在前面的章節，我介紹過阿里的「271」制度，一個團隊裡必然有表現好的人和表現不好的人，必然有成長快的人和扯後腿的人，賞善罰惡，就是管理者對團隊成長最好的鞭策。愛一個員工的方式有很多，最重要的是讓他成長。

在這裡，我建議大家好好利用「271」制度。「271」制度不只是簡單地將每人按貢獻度排序，而是看管理者的期望是否被滿足。滿足期望稱之為「7」，超出期望而且持續地超出期望稱之為「2」，未滿足期望是「1」。什麼是你的期望呢？這需要管理者不斷地去說，讓其深入團隊每一個人心裡。

管理者要謹記，把一個人選成「1」容易，批評他容易，

開除他也容易。不容易的是讓他知道自己哪裡出了問題，讓他知道自己哪裡應該成長，讓他真正感受到團隊對他的期望和鼓勵——不到最後一刻，絕不拋棄和放棄。在這個過程中，管理者要拿出四到五成的激勵額度去獎勵超出期望的「2」，去激發大家的戰鬥狀態，建立在這樣的基礎上，我們再談讓員工去突破極限、超越自我就容易得多。

借制度磨煉團隊成長、借團隊成長激勵個人成長，最後的落腳點仍然是激勵每個人突破自我和快速成長上，這就是借假修真的真正意義。

到此為止，關於建設團隊的內容已經介紹完了，這些是我多年在阿里工作累積下來的經驗。當然，文字能夠表達的只是很小的一部分，如果你沒有帶團隊戰鬥的經歷，只透過閱讀感悟是不夠的，儘管這裡面列舉了很多的方法。畢竟，沒有經歷過「炮火」的沖擊，怎能感知「子彈」的威力和戰友的情誼。

真正的將軍都具有非凡的人格魅力、威信、統率力，他的一生，將身邊無數普通人培養成了像他一樣勇敢的人，所以說，只有戰場才能讓一個人成為將軍。

管理者練習

管理者在戰鬥結束後，要帶著團隊進行覆盤，認真地總結大戰中出現的問題，比如有沒有提高團隊凝聚力，團隊成員的能力是否得到提升？

Chapter 7

獲得成果：目標就是結果，以結果為導向的努力才有意義

「沒有過程的結果是『垃圾』，沒有結果的過程是『放屁』。」

——阿里「土話」

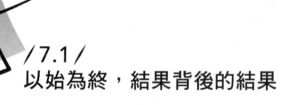

/7.1/
以始為終,結果背後的結果

　　從本章開始,我們將介紹「腿部三板斧」中的「獲得成
果」部分。在開始之前,我先聊一聊自己對結果(成果)的
理解,我把它稱為「結果背後的結果」。

　　提到「獲得成果」,大多數管理者往往認為完成任務、
達成目標就是獲得成果了。因此為了獲得成果,管理者會想
方設法在規定時間內完成任務,很少思考其背後真正想實現
的是什麼。說到這裡,可能有的管理者會提出疑問:這很重
要嗎?在規定時間完成任務不就是最後的結果嗎?

　　一般有這種思維的管理者,大多是從自身角度出發,沒
有從全局視角思考我們想要的結果到底是什麼?為了便於大
家理解,我分享一個小和尚的故事(這個故事也是阿里的管
理者經常分享給員工的)。

　　　有一個小和尚擔任撞鐘一職,半年下來覺得無聊至
極。有一天老住持調他到後院挑水,原因是他勝任不了
撞鐘一職。小和尚不服氣,前去質問老主持:「我撞的
鐘難道不準時、不響亮嗎?」

　　　老住持耐心地告訴他:「你撞的鐘雖然很準時、很
響亮,但鐘聲空泛、疲軟、沒有感召力。我想要的鐘聲

是能喚醒沉迷的眾生，不僅要響亮，還要圓潤、渾厚、深沉、悠遠。」

透過這個故事，我們可以看出：管理者要的結果，不僅是完成任務，更是「結果背後的結果」。

在企業中，管理者要理解結果背後的結果，就要有全局視角，要從源頭出發。在這方面，阿里有一張核心圖，叫「天地人大圖」（見圖7-1）。

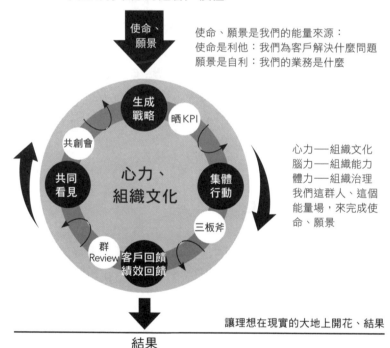

圖 7-1 阿里的「天地人大圖」

在這張圖裡，業務是阿里一切的核心，公司的使命、願景、文化都是從這裡開始的。業務背後是客戶價值，所有這些都衍生自客戶價值。因此，一切的源頭是從客戶開始的。這些反映在企業文化上，是阿里價值觀的第一條——「客戶第一」，而華為價值觀的第一條也與客戶有關——「以客戶為中心」，很多公司都是如此。

傑克‧威爾許曾說過一句話：「一家公司的客戶思維是這家公司成為偉大的特質。」所有一切的開始就是這樣的。

客戶價值在阿里叫「天」。中間的整個文化與組織，都是在這個基礎上衍生出來的。這張圖的最下端叫「地」，也就是結果。這裡的結果指：讓理想在現實的大地上開花結果，也就是在實現客戶價值、滿足客戶利益以及讓客戶有最好的體驗之後產生的成果，這就是「結果背後的結果」。

看到這裡，相信大家已經從全局視角與源頭上理解了什麼是「結果背後的結果」，那麼管理者要如何拿到「結果背後的結果」呢？

⚙ 體現客戶價值

體現客戶價值，考驗的是管理者的判斷力。好的結果，不是數字，不是利益，而是客戶價值，是堅決對損害客戶利益的「好結果」說不。

比如：今天我們要完成6000萬元業績，我們要的結果不只是這6000萬元。而是達到6000萬元業績目標的同時，體現客戶價值、滿足客戶價值，幫客戶收獲利益，讓客戶有最

佳的體驗，這就是「結果背後的結果」。這也是借假修真的
一個層面。

管理者要如何在結果裡體現客戶價值呢？很簡單，不
斷地追問自己：客戶價值到底是什麼？你為客戶服務了多
少？這是管理者必須要回答的問題，它是用來指引方向
的，並不是工具。

對於客戶價值到底是什麼？彭蕾有一個公式：客戶價值
＝利益 × 體驗。這個公式是她本人在支付寶和螞蟻金服工作
幾年的真實體會。

在這個公式裡，利益就是客戶付了錢，我們能給客戶提
供什麼樣的服務和產品，能為他創造什麼樣的價值；體驗就是
客戶體驗或用戶體驗，即使我們滿足了客戶的價值和利益，但
在這個過程中，讓客戶感覺不好，那麼效果肯定也不好。

所以，利益是體現客戶價值的核心，但如果體驗做得
好，可以起到事半功倍的效果。在這個公式的背後，就是管
理者要力圖把握的事情。

讓團隊得到成長

借事修人，以人成事。當你發現完成6000萬元業績卻
中傷了團隊的時候，這就不是我們要的結果。在獲得成果的
過程中，團隊的成長同樣重要，這也「以人為本」的體現。
在阿里，馬雲總說：「阿里這家公司一定是時刻以客戶為第
一、員工為第二、股東為第三。」這三個短語體現了阿里要
的結果的兩個核心價值理念：一，客戶價值，客戶第一；

二，員工成長，以人為本。

● 要結果更要過程，自循環

繼續用上面的例子來說明，今天我們完成了6000萬元的業績，但是如果你發現這6000萬元的業績實現過程，經不起覆盤和提煉，不能夠分享和傳承，這也不是我們要的。**可複製的結果才是好結果**。這就是我們對於結果的理解，我們要的是「結果背後的結果」。

● 工具：黃金圈法則

以上就是對獲得成果背後的深層理解。如果管理者能把獲得成果思維昇華到這個層面，那麼你一定可以獲得非常完美的結果。讓我感到遺憾的是，如今的管理者在獲得成果的時候，最大的問題是忽略了「結果背後的結果」。為了避免發生這種情況，我為大家推薦一個非常好用的工具──黃金圈法則。

黃金圈法則是一種思維模式，它把思考和認識問題畫成三個圈：最外面的圈層是「what」層面，也就是做什麼，指的是事情的表象；中間的圈層是「how」層面，也就是怎麼做，是實現目標的途徑；最裡面的圈層是「why」層面，就是為什麼做這件事（見圖7-2）。

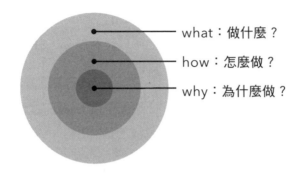

圖 7-2 黃金圈法則

　　絕大多數人思考、行動和交流的方式，都是在最外面的「what」圈層，也就是從「做什麼」的圈層開始。黃金圈法則的思考順序是從內向外，也就是按「why──how──what」的順序思考。

　　黃金圈法則第一步，思考「why」。從內向外思考，在最裡面的圈層思考為什麼：你為什麼要達到6000萬元的目標？你懷著什麼樣的信念？你的團隊、客戶為什麼而存在？

　　黃金圈法則第二步，思考「how」。只有想明白了最內圈層的「why」，第二步才是思考中間圈層的「how」，也就是怎麼做。這個圈層就是要梳理如何實現「why」，用什麼方式落實你的理念、價值觀。

　　黃金圈法則第三步，思考「what」。如果「why」和「how」梳理得很清晰，那「what」圈層所要做的事就水到渠成了。

　　總結一下：不注重結果的人通常是缺乏目標的人，缺乏目標就難以讓現實發生實質的改變。作為管理者，如果不能

以結果為導向，低效的過程將會被加倍放大。我經常和我的團隊成員說：「一個人和團隊之所以沒有結果，往往是因為目標制定不清晰和目標完成不堅定。」

管理者練習

請管理者運用黃金圈法則按「why——how——what」的順序思考以下幾個問題：

1. 你的團隊的目標是什麼？你為什麼要達到這個目標？你懷著怎樣的信念？
2. 你的團隊如何實現這個目標？
3. 你的團隊在實現這個目標的過程中，每個人的目標是什麼？

/7.2/
設定目標：目標的制定、宣講與分解

　　一個人和團隊之所以無法獲得想要的成果，其本質原因是目標制定不清晰以及態度不堅定所造成的。下面，我將分享有關目標的制定、宣講與分解等方面的內容，以及結合後面的章節裡要講的「追蹤過程」，從而更好地幫助管理者達到真正想要的結果。

　　目標是一切行動的原動力。很多人都會制定目標，有一部分人能夠達成目標，但還有一部分人常常不能達成，這是因為他們對目標的期望強度不同。一個人對目標的期望強度愈大，壓力就愈大，成功的概率也就愈大。我們在阿里時稱之為：**極度渴望成功，願付非凡代價。**

　　作為管理者，你的期望強度決定了團隊的目標是否能達成，以及達成的效率。因此，管理者自身的**期望強度必須夠大，目標感和結果思維要夠強。**管理者要讓團隊成員有清晰的目標感，要讓團隊的目標成為每一個成員發自內心想要、具備自我驅動力和原動力的目標。這是一個管理者必須要修煉的課題。

　　據調查，這個世界上17%的人根本就沒有目標，這些人大多生活在社會的最底層；有60%的人僅有模糊的目標，

生活在社會的中下層；20%的人有著短期的目標；最後只有3%的人有長遠目標，這些人大都是社會的精英。制定目標不僅對個人的發展極其重要，對企業、團隊也是如此。

⚙ 制定目標

當管理者能夠清晰地把目標感植入員工的思維時，就應該思考如何制定目標了。管理者在制定目標時，一定要根據團隊的戰略目標、定位與員工整體的業務水準來制定。否則很容易會出現「竹籃打水一場空」的情況。

我在為企業做培訓的過程中，一位管理者給我講過一個故事：

> 這位管理者從事汽車產業，當時正好趕上了汽車產業發展的一個小高峰，因此生意很不錯。但在這之後他既不關心歐美國家的汽車產業發展情況，也不分析周邊各國的汽車產業行情，甚至也不去了解國內汽車產業的布局。但他為公司團隊制定的目標卻是「成為汽車產業的龍頭」，而這時他的團隊業績才勉強破億元。因為盲目地制定目標，在此之後該管理者不停地向團隊成員施壓，公司業績也沒有得到任何提升，最終使團隊成員因壓力過大而紛紛離職。

由上例可以看出，制定正確的目標對一個團隊、一個企業來說十分重要，關係著團隊的發展方向與企業的發展前

景。那麼，管理者要怎樣才能制定正確的目標呢？

目標的制定方法有很多，其中SMART法則是幫助管理者制定目標的一個好方法。雖然這個方法老套，但勝在實用。透過SMART法則制定出的目標是具體的、可量化的，並且有清晰的時間點，可以將籠統的目標轉化成可行性強的具體計畫（見圖7-3）。

管理者根據SMART法則制定目標，就是將夢想拉回現實。例如一個企業在號召全員健康跑步時，可以透過這樣的思路去制定目標：每天下午5：30，全員在某街道跑步20分鐘，在一個月內達到三分鐘跑完800公尺的目標。這樣的目標是清晰具體的，可以讓人一目了然。而**不可量化的目標，充其量不過是一個想法。**

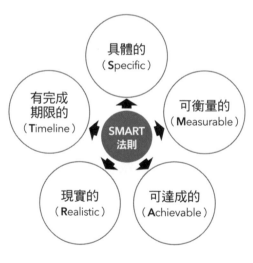

圖7-3 SMART法則

在目標的制定方面，管理者除了用這種科學的方法之外，還需要注意以下幾點：

一是有效的目標制定必能幫助團隊實現自我突破。例如阿里在制定目標時，有一句話非常重要：**今天的最好表現是我們明天的最低要求**。這句話是每一個阿里成員都清楚的，會讓每一個人在目標方面不斷突破，最終擁有「冠軍心」。

二是管理者制定的目標，必須是跳一跳才能搆得著的目標。完成目標的過程中也不能沒有任何挑戰，必須要稍微超出他的能力，這樣在完成目標的時候，他才能得到成長。但目標制定得太高，超出自身能力的邊界，就很容易讓員工產生挫敗感，降低他們的工作熱情。

微軟創辦人比爾·蓋茲（Bill Gates）強調：「要站在行業的最高處來思考企業的發展。」管理者必須從行業頂端的角度去觀察，才能明確企業的定位，確保企業制定的目標夠實際，而非空中樓閣，否則就只會制定更多的目標，讓員工做得更多，也錯得更多。管理者只有制定出符合企業、團隊發展趨勢的目標，才是有效的目標。

三是**團隊目標必須是每個員工目標的總和**。這是阿里高管俞朝翎提出的觀點，對於管理者制定目標非常有效。在許多企業中，管理者制定目標都是由下而上，層層遞增。例如，基層管理者根據團隊的能力，制定出季度目標為完成50萬元業績；中級管理者可能會將任務加到55萬元然後上調。以此類推，團隊的目標到了最高管理者手中就變成了不可能完成的任務。真正有效的目標應該是員工自己制定的目標總和，而不是管理者層層加碼。

✪ 目標宣講

　　在制定目標後，要把目標對整個團隊不斷宣講，讓團隊的每個夥伴都明白團隊的具體目標，這就是目標宣講的意義。這不僅能夠讓管理者在宣講的過程中判斷目標制定的方向是否正確、目標是否具有可執行性等問題，還可以促進企業員工、團隊成員共同協作實現目標。

　　目標宣講的重點是：清晰地向團隊成員傳遞為什麼要達到這個目標？**人不會持續不斷地去做自己都不知道為什麼要做的事情**。因此，管理者要告訴團隊的每一個成員，制定該目標的理由是什麼。例如為什麼今天要做這樣的工作？為什麼我們要拿第一？每制定一個目標，特別是具有挑戰性的目標，管理者務必要列出十條以上實現它的理由。管理者透過這些理由增強團隊成員的信心，並幫助成員在企業、團隊的大目標下制定自己的小目標。

　　管理者在進行目標宣講時也要講究方法：

　　一是管理者根據員工的類型分別宣講目標。不同類型的員工，其工作效率、工作思路、理解能力等方面都不相同，因此管理者要根據員工的特質去宣講目標。

　　二是管理者宣講目標時要集體溝通。管理者可以開展團隊會議宣講目標，再根據員工的建議修改目標，使上下目標一致。管理者在會議上也可以透過成功案例、先進員工分享等方式來激勵其他員工，提高團隊的集體榮譽感。

　　三是管理者在宣講目標時，要適當地給員工提出建議，這樣可以增強員工信心，促進目標實現。

四是管理者宣講目標時，要鼓勵員工「晒」出目標。員工「晒」出目標後，可以相互監督，也可以互相分享達成目標的方法經驗，從而共同實現目標。

目標宣講的過程就是不停問為什麼的過程。透過這一過程激發員工的行動力量。這是將團隊的大目標分解成小目標，然後讓小目標落實到每一個員工身上的前提。

❄ 目標分解

阿里分解目標時常用的方法是：剝洋蔥法。簡單來講，就是將大目標分解成若干小目標，再將小目標分解成更小的目標，具體分解到讓每個人都明白自己每天的工作量。比如，公司要做100萬元的業績，存量有50萬元，另外50萬元怎麼辦？這50萬元要根據員工的業務水準來考慮，包括員工每天的客戶接待量、訂單的轉化率、需要拜訪的客戶量與溝通電話量等等。最後目標分解的結果是：千斤重擔人人挑，人人肩上有指標。

將大目標依次分解成一個個小目標，並不是最考驗管理者的地方。目標分解最難的是把目標從大到小拆完之後，再由小到大與每個團隊成員的目標相統一、相關聯，這樣從團隊成員的需求出發，激發他們達成目標的動力。

分解目標要根據資源與團隊來進行分解。根據市場資源，如市場促銷方法、行業時訊、成功案例等來將目標分成階段。在發展期與成熟期，只有擁有完善管理體系的企業才能在市場上分得「大餅」，此時其目標分解是圍繞搭建管理

體系進行的，讓每一位員工能「在其位，謀其政」，充分發揮自身的價值。

對於團隊分解目標，管理者要充分考慮團隊成員的個人資源、工作狀態、發展規畫等因素。例如，我在帶領「大航海」團隊時，把目標分解完以後，就要根據存量和團隊成員的個人能力來分解目標。有一個團隊成員的業務能力很強，分到的年度目標是完成100萬元的業績。在與他互動時，了解他今年的個人規畫是：過年結婚，並送給自己未來的老婆一個價值10萬元左右的鑽戒。了解他的需求點後，我告訴他，如果達成目標，年底的獎金足夠讓他實現這個小目標。管理者在分解目標後，要從團隊成員的個人需求出發，與之相關聯，這樣才能在最大程度上激發團隊成員的潛力，促進團隊目標的實現。

要讓目標管理更具有操作性，管理者就必須耳聽四海、眼觀八方，積極徵求團隊成員各方面的意見，透過集體智慧促進企業戰略目標的確立與達成。管理者透過目標宣講、分解與達成的過程，增強團隊成員的認同感，增強團隊的凝聚力。

管理者將個人目標匯總，制定出團隊目標，然後宣講目標，最後將團隊目標分解，化整為零，根據團隊成員的特質來分配具體目標，這就形成了一個良性且有效設定目標的流程。

管理者在制定、宣講、分解目標後，還需要每一個企業員工、團隊成員將這些目標落實到工作中，這樣團體目標才能有效落地。這一過程就是下一節要介紹的重點內容：「追蹤過程」。

管理者練習

> 管理者須寫下2020或2021年的管理工作目標。

/ 7.3 /
追蹤過程一：
輔導員工成長的五大祕密武器

　　「設定目標、追蹤過程、獲得成果」是實現團隊目標的三大環節，其中追蹤過程環節是行動環節，最為重要。

　　一個好目標能讓員工熱血沸騰，恨不得馬上去實現它。**「拚到感動自己，努力到無能為力」**，還有**「極度渴望成功，願付非凡代價」**等都是從心態上做好了充足戰鬥準備的表現，這些準備都是追蹤過程的前提。除了員工要做好準備，管理者也是如此。否則，團隊中就會出現許多問題。

　　例如，有的員工滿懷激情地出發，結果遇到困難就開始打退堂鼓；有的員工會懈怠工作，開始偷懶、敷衍了事；有的員工可能很努力，但只感動了自己，業績沒有提升，目標也沒有實現。出現這樣「鼓聲震天士氣爆棚，上戰場就損兵折將」的情況，歸根究柢就是管理者沒有追蹤好過程。

　　追蹤過程不是對下屬工作的簡單監督與部署，也不是對其行動進行嚴屬控制的手段，而是協助下屬解決在執行過程中所遇到的困難，使其一直處於工作的正常軌道上，按時保質地完成目標。如果員工在中途工作方向發生了偏離，管理者還可以透過追蹤過程及時把偏離的方向拉回來。總而言之，追蹤過程的目的可以分成以下三點：

1. 及時找到並糾正目標實施過程中出現的偏差。

2. 透過互相監督、加強競爭，激發員工的工作熱情與進取心。

3. 根據市場變化、企業戰略、團隊狀態等等，靈活地調整目標，確保目標順利執行。

要想實現追過程的目標，管理者要把控員工對產品的了解程度，要把控員工實現目標的必要技能，要把控每日、每週、每月工作流程的制度，還要把控員工過程中的起伏心態，最後還要把控過程中容易忽視的細節。這是對管理者莫大的考驗。那麼，管理者如何才能追蹤好過程呢？

「**一公尺寬，一百公尺深，一把鋼尺，要能夠量到底。**」這是追好過程的關鍵，換言之就是做好輔導機制。阿里幫助員工成長的五大核心輔導機制包括：培訓機制、分享機制、演練機制、陪訪機制、Review機制，這對其他管理者有很大的借鑑價值與意義。

❂ 培訓機制

一場培訓影響不了結果，更改變不了結果。管理者能做的，就是去搭建培訓的機制，透過這種長期的機制確保員工的成長。培訓不是簡簡單單開個培訓課程，培訓的內容要有規畫，包括培訓後的實際操作訓練等各式各樣的內容。透過每週固定的培訓去落實，使每一位員工透過培訓機制熟悉產品、提升技能和專業水準。

阿里將人視為最寶貴的財富，為了幫助每一位阿里人長遠的發展，阿里制定了完善的培訓體系，包括新人系、專業系、管理系。這一培訓機制涵蓋了全體員工及營運職位，讓每一位員工從新人成長為專業技術強大的人才，最後晉升為管理人員。

　　新人培訓面向全體新進員工，透過五天的培訓，幫助員工從看、信、行、思、分享這五個方面快速提升素養；專業培訓是為了加深員工對公司戰略與職位的了解，培養員工的業務能力、專業技術、通用能力。專業培訓的機構為營運大學、產品大學、技術大學及羅漢堂。管理系面對所有的管理人員，透過開設俠客行等課程提升各級管理者的組織能力。除此之外，阿里還建立了在線學習平台，為全體員工提供內部的學習平台與交流平台（見圖7-4）。

圖 7-4 阿里人才培訓梯隊

　　中小企業可能無法建立如阿里這樣完善的培訓機制與機構，但管理者必須要加強對培訓管理的重視程度，不能讓培訓只流於表面，要將培訓前的準備工作、培訓工作、培訓後的回饋工作落到實處。這樣才能不斷地促進員工成長，從而輔助團隊達成目標。

🌀 分享機制

　　只有真正接觸過業務，去過現場的員工對這一業務才最有發言權，分享機制就是讓這些有經驗的員工向其他員工分享寶貴的經驗成果。

　　例如，員工簽完訂單可以向其他員工分享：訂單是怎麼開發的？怎麼跟進的？怎麼簽訂的？過程中有一些重要的點是如何突破的？如何去收款？而管理者需要做的就是為員工提供一個分享的平台與環境，讓員工在分享的過程中沉澱大量成功的案例，互相教、互相學，收獲實戰經驗。

　　阿里的分享機制中有一項非常有特色：「晒」KPI。在這一工程中，阿里的員工會分享自己的目標、目標的完成情況、在實現目標的過程中遇見的問題，以及解決方法等內容。例如在每一次的「雙十一」活動之後，各部門員工都會根據數據來分析目標的達成情況，以及在此次活動中不圓滿的地方。各個團隊成員一起討論，分享自己的想法，力求在下一次活動能夠表現完美。分享機制可以增加團隊成員之間的交流和協作。

　　分享機制還可以使員工互相監督，避免員工在工作上出

現懈怠、敷衍了事的情況，讓每一位員工在團隊中找到一個競爭對手，在比賽中鍛鍊自己、提升自己。曾經，我的團隊中有個年紀較小的女孩完成了上百萬元的業績，在她分享經驗時，我能看到坐在下面的老員工們不自然的表情，還有因為認真思考而抿緊的嘴唇。這些員工並沒有嫉妒她取得的成就，而是將她視為競爭對手，並不斷地向她學習，從而突破自我。

除此之外，分享機制還有利於管理者對員工進行激勵，提升員工對團隊、對企業的認同感。管理者可以在分享的過程中，獎勵那些達到目標的員工，針對未達成目標的員工給予建議。這樣能夠提升員工對管理者的信任感，充分調動員工的積極性。

🌑 演練機制

演練機制與培訓機制有重疊的部分，但培訓機制主要針對全體員工，而演練機制主要針對新人。在新人到職之後，演練機制必須貫徹到底。「任何一個神槍手，都是子彈餵出來的」，老練的員工也是透過演練與實戰成長起來的。

演練機制可以理解為實戰模擬，管理者和員工透過模擬情景，發現實現目標的計畫中出現的漏洞，透過共同分析、討論得出彌補漏洞的方法。

例如擔任業務員的員工每天拜訪完客戶，晚上回到公司，就要開始實戰演練了。在演練的過程中，最真實地還原現場。如果明天的目標是完成10萬元訂單、20萬元訂單，

那麼在這之前一定要先做好客戶分析，比如客戶的反對意見是什麼？競爭對手是什麼狀況？然後，你當老闆，我當業務員；我當老闆，你當業務員，反覆進行演練。第二天拿著合約，胸有成竹地上門簽單，這就是演練機制。

首先，管理者在運行管理機制時必須要有明確的主題，選擇有針對性的客戶場景，這樣才能進行有效的演練；其次，管理者在每次演練結束後，要進行點評，指出員工的優點與問題，並提出改進意見，為下一次演練與實戰積累經驗，最終促進目標達成。

❂ 陪訪機制

陪訪機制就是在團隊中實行「老人帶新人」的方式，讓新員工得以快速地成長。一般而言，「老人」是指團隊中能力出眾的員工或者是管理者自身，他們發揮著「導師」的作用，比如在陪訪的過程中，及時地發現被陪訪員工的問題，並幫助他們解決問題。

在阿里也有管理者陪訪機制，包括師徒陪訪。阿里師徒陪訪機制有16字方針：**我說你聽，我做你看；你說我聽，你做我看**。一般拜訪第一家客戶時，師傅會先讓徒弟觀摩，讓他好好觀察自己如何與客戶交談。拜訪下一家時，師傅會讓徒弟與顧客交談，回到公司後師傅會總結遇到的問題。管理者或老員工在陪訪的過程中發揮著巨大的作用，即時地幫助新員工不斷地改進、突破自我。我們可以透過下列事例來了解陪訪的過程、目的以及其他注意事項。

陳經理是某銷售公司的管理者。他在陪訪前會做好準備工作，如準備好客戶資料、初步了解新員工的能力、覆盤以前的銷售細節等等。在陪訪時，先向被陪訪人員李麗介紹公司客戶的特徵、與客戶交流的話術，然後再和她去與客戶交談，並且讓李麗在這個過程中做好筆記。

　　在第二次進行客戶面談時，以李麗為主，陳經理在一旁負責協助。陪訪結束後，陳經理會分析李麗出現的問題，給予建議，並鼓勵她積極地去開發客戶。對於每一位被陪訪員工出現的問題，陳經理都會記錄下來，並在集體會議中提出，讓員工討論，並分享應對這類問題的經驗。不僅如此，陳經理還會在會議上分享自己的陪訪心得，並根據員工的意見進行改進，以便完善下一次陪訪。

　　這樣的陪訪才是完整且有效的，能夠真正地解決問題。管理者在陪訪時，最重要的就是寫陪訪紀錄，這是開展討論與分析問題的前提條件。表7-1是陪訪紀錄需要包含的內容。

　　管理者可以透過上述例子了解陪訪的關鍵是記錄問題、解決問題。管理者在進行每一次陪訪時，都要有明確的目標與主題，還可以透過適當的突擊陪訪，有效地檢查員工的工作狀態，發現其平時隱藏的問題，避免因此在日後造成更大的損失。

　　管理者在陪訪時尤其要注意的是「大樹底下不長草」，即給員工成長的機會和空間，允許員工犯錯，這樣才能讓員工在改正錯誤的過程中不斷地提升自身的能力。當然這並不

表 7-1 陪訪內容紀錄表

陪訪紀錄表		
被陪訪員工：李麗		
陪訪目的	1. 了解李麗的路線安排	
	2. 了解李麗的談判技能	
陪訪內容	1. 9:30，打電話突擊安排與李麗見面，並與她一起去和第一個客戶面談	
	2. 李麗認為客戶在「產品的現價比其他公司貴」這一問題存在異議，認為與客戶沒有談判的餘地，因此沒有進入談判階段	
	3. 11:30，李麗到達第二個客戶處，但客戶已經離開。由此可見李麗的時間安排不合理，這樣很容易流失客戶	
陪訪評估	優勢	1. 能夠虛心接受和採納別人的建議，有較強的學習能力和變通能力
		2. 有很強的自尊心，急於表現自己，想向別人證明自己可以做得更好
	問題	李麗在跟進客戶時，不能與上次談判的進度有效連結起來，在判斷客戶真實想法方面能力不足，沒有完整的工作思路
陪訪建議	1. 李麗在下次與客戶面談前，必須注意事前的電話約訪和路線安排，提高工作效率	
	2. 事先做好計畫，確保在跟進客戶時不會被打斷思路	

是要管理者一手包辦，而是要員工在陪訪的過程中有自己的思考，這與「授人以魚，不如授人以漁」是相同的道理。

❖ Review機制

Review機制是十分重要的機制，我將會在後面的內容中詳細地介紹並分析這一機制，這裡就不再贅述。

以上就是阿里管理者追蹤過程時使用的祕密武器，透過這五大武器可以讓管理者及時地幫助員工糾正方向、調整方法、補充知識、習得技能。追蹤過程的關鍵就是要落實到位。「一公尺寬，一百公尺深，一把鋼尺，要能夠量到底」。

管理者練習

管理者完善團隊的五大核心輔導機制：培訓機制、分享機制、陪訪機制、演練機制、Review機制。如果企業還沒有這五大機制，請管理者務必盡快制定出來。

/7.4/
追蹤過程二：
找到藏在日常管理動作中的訣竅

　　管理者在追蹤過程時除了可以運用上一節介紹的五大機制之外，還有很多管理著力點可以應用。作為管理者，我們不能什麼都管，要放手讓員工去成長，容許他們犯點小錯。說到這裡，可能有的管理者會感到疑惑：在追蹤過程時到底要放什麼？抓什麼？

　　只抓結果，不把控過程，這讓管理者不能放心結果；只抓過程，管理者沒有時間天天陪著員工跑市場；過程結果兩手抓就更不對了，這會耗費管理者大量的時間與精力。要想正確地把握抓結果與把控過程之間的平衡，管理者需要把下屬變成助手，其中的訣竅就藏在管理者日常的管理行為中。下面，我將站在對日報、早會、週會以及月會的把控角度，來分享追蹤過程、獲得成果的訣竅。

◉ 工作日報

　　目前，許多「90後」、「00後」員工認為工作日報只是管理者監管員工的工具，並且在大部分企業只是走形式，許

多員工都是敷衍地寫，管理者也不會仔細去看日報的內容。員工認為：寫日報是在浪費時間，降低工作效率，管理者犯了形式主義的錯誤。但為什麼阿里等知名企業依舊在實行日報制度，更有甚者還將其納入績效管理與考核中呢？

「對於上司來說，最讓人心焦的就是無法掌握各項工作的進度。」PHP研究所前社長江口克彥這句話說出了大多數管理者的心聲。而日報，是幫助管理者了解工作進度的重要工具，避免企業出現上下級訊息不對稱的情況。管理者還可以透過日報發現員工在工作上出現的問題，在進行回饋時，可提出改進建議。

工作日報可以讓員工對一天的工作進行總結，明確工作目標是否達成，分析工作中出現的問題，讓員工學會思考。員工可以透過日報制定每天的工作計畫，不斷地提升規畫能力，提高工作效率，還為員工制定下一步目標提供了依據。不寫日報的員工，可能在工作時毫無章法，做到哪裡算哪裡，沒有目標也沒有方向。這就是「先射擊後畫靶」，可能最後一個業務指標都不能完成。

存在即合理，日報制度的實施是因為它能夠帶給管理者與員工不同的益處，從而促進公司的不斷發展。有許多管理者認為日報就是「員工寫——管理者看——回饋」的一線式過程，實行起來十分簡單。但在實行的過程中很容易變成為寫而寫，流於形式。因此，管理者需要問自己：你真的會用嗎？你用得對嗎？

管理者讓員工寫工作日報，且每個日報的內容可能都差不多，例如：今天都做了什麼？拜訪了幾個客戶？業績多少？明

天的計畫是什麼？但日報對每個員工的實際作用也有所不同，管理者要想將日報的效果發揮到極致，就必須運用以下訣竅。

第一個訣竅：
員工不會做你希望的，只會做你檢查的

員工能不能按時交工作日報？員工寫的日報質量是否過關？這就是管理者應該管控的部分。在寫日報的過程中，管理者要規定日報的最遲繳交時間與質量門檻，否則日報制度就很難進行下去。例如：有員工在今天凌晨00：10交日報，管理者沒有發話，那麼下次他可能就會在第二天早上7：00交日報。這時候，管理者再不表態，他可能就不再寫日報了。有一個員工敷衍著寫日報，管理者在第一天沒表態，第二天全員都會敷衍著寫日報，這樣就會造成日報「命還在，魂沒了」的狀況。

管理者應該明白這樣一個道理：**員工不會做你希望的，只會做你檢查的。團隊的執行力就是主管的執行力。員工的行為底線就是主管的管理底線。**總有員工喜歡在管理底線的邊緣來回試探，這時候就需要建立一個清晰的獎懲制度，或者直接將日報納入績效考核之中，確保團隊養成寫日報的習慣。

第二個訣竅：
管理者要用日報去追核心關鍵點，這才算用對了日報

例如，管理者讓銷售人員利用電子郵件推廣產品，讓他們用工作日報回饋發郵件的數量顯然是沒有用的。因為一鍵群發，幾百封郵件瞬間發出不在話下，操作起來十分簡單。

管理者應該用日報追客戶詢價的郵件回覆數量。因為客戶詢價的郵件數量是核心過程指標，是管理者在每天看日報時都應該去關注的關鍵點。

為了讓員工寫的工作日報簡單而有效，管理者可以推薦一些寫日報的方法，例如「KPTP工作法＋總結的協作方法」（見圖7-5）。

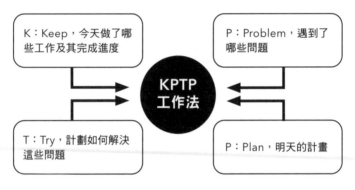

圖7-5 KPTP工作法

員工透過有條理的方式去寫日報，不僅可以提升自己歸納總結的能力，還可以讓管理者迅速地抓住重點，提供回饋意見，提高工作效率。

⚫ 早會

除了日報，管理者還可以透過開會來追蹤過程。例如早會、週會、月會、啟動會等會議。特別是早會、週會和月會，這是追蹤過程的三大利器。

「一日之計在於晨」，早會可以提高團隊的士氣，傳遞企業的價值觀與文化，展現企業員工、團隊的精氣神。管理者要想透過早會追蹤過程，必須先了解早會的目的，只有知道了目的，才不會拘泥於形式。管理者舉行早會的目的可以概括為以下幾點：

· 可用於鼓舞士氣，管理者利用早會宣揚正能量，促使員工保持良好的工作狀態，增強員工的信心。
· 創建並弘揚企業的文化，統一團隊的價值觀，使團隊一條心，促進團隊目標的達成。
· 促進員工共享經驗，加強員工之間的交流，有利於建設出和諧的團隊。
· 為管理者進行獎勵與懲罰提供平台，促使團隊成員不斷提升自我。
· 部署團隊的重點工作，提高管理者的威信力，確保戰略目標的實現。

管理者在了解開早會的目的後，還需要關注「結果背後的結果」，不能為了走形式而開會。除此之外，管理者在早會上一定不能批評員工，不能傳播負能量，不能擴大問題，這樣會打擊員工一天的積極性，降低員工的工作效率。

例如，阿里巴巴「誠信通鐵軍」的早會「早啟動」一般是由員工輪流主持，分為四個組成部分。第一個部分是小遊戲，如「瘋狂來往」，使員工活躍起來，激發其工作熱情；第二個部分是由管理者通知企業的重大事項，包括企業戰略

方向的調整、大幅度的人事變動、新產品設計與研發等內容；第三個部分是管理者或者主持人宣講目標，使每個員工都清楚企業、團隊的目標節點與任務量。在這一過程中，員工可以互相討論，提出自己的建議與想法，管理者會考慮是否做出調整；第四個部分是員工根據企業、團體目標設定自己當天的工作目標，包括當日的簽單量、訪問顧客的數量、簽約金額的大小，以及達成目標需要採用的方法等等。

「早啟動」要將早會的每一個目標都落到實處，其核心宗旨是以結果為導向，就是用簡單明瞭的方法去解決問題。在解決問題的過程中進行文化熏陶。

管理者要想舉行一個有效的早會，除了上述內容以外，還可以運用以下技巧。

管理者必須建立早會的懲罰與獎勵機制。例如阿里在開早會時，不允許有人遲到，這是開早會必須遵守的原則與底線，因為遲到違背了阿里的基本價值觀。除此之外，管理者還可以在早會上獎勵模範員工，從而激發員工的工作熱情。

管理者在開早會時，不能實行「一言堂」，要讓員工能夠表現自己，表達自己的想法；要讓員工相互溝通、相互討論，避免工作對接出現問題。

早會主持人的選擇至關重要，特別是在工作部署、重大事項通知的環節最好由管理者本人進行主持。因為管理者能夠全面掌握企業與團隊，由管理者主持這方面的內容，有助於通知到位以及工作的正確部署。

透過以上方法，管理者可以將早會控制在半小時內，且效果也能達到預期，幫助管理者更好地追蹤過程。

🌀 週會

週會不僅是對工作進度進行的階段性總結，也是一個短期的PDCA循環（見圖7-6）。透過這一循環能夠及時地發現並解決問題。

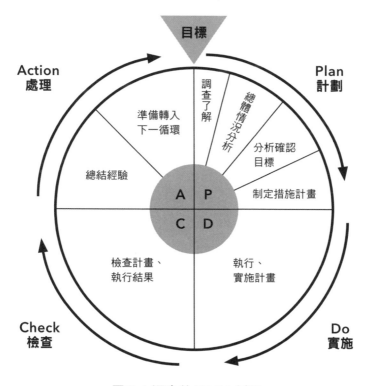

圖 7-6 週會的 PDCA 循環

開週會的目的一般包括：同步團隊成員間的資訊；解決員工存在的問題，明確需要團隊協作的事項；討論對企業、

對團隊有建設意義的話題，如工作流程的改進、目標制定方式的改善等內容；傳遞企業的價值觀與文化，增強員工的認同感。週會的開展對每一位員工、每一個團隊與企業十分重要，因此週會往往與業績深度掛鉤。那麼要想開好週會有哪些訣竅呢？

第一個訣竅：
結果是對過程最好的檢驗，要去除偽過程

管理者不僅要讓每個員工詳細分享上週的工作過程，拿過程數據說話，還要讓員工認真地去做上週的客戶盤點。一個是過程數據，一個是結果數據。假設一個員工的過程數據很好，結果在進行客戶盤點時，發現一個A類客戶、B類客戶一個都沒有，那麼這個過程數據肯定有問題，要不是造假，就是員工的技能水準不合格，需要重點關注。過程數據是過程層面的數據，是表象的，需要管理者去檢驗這些數據。

例如業務人員的拜訪客戶量是一個過程數據，具有一定的評估意義。管理者檢驗這個數據，就是在檢驗員工的努力是否用對了地方，或者員工是否真的努力了。員工的任何成就都不僅僅靠數據說話，更需要靠結果說話。對過程最好的檢驗是結果，要去除偽過程。

第二個訣竅：
運用週會，做好產品的培訓

早會的時間太短，培訓會影響員工的狀態，耽誤員工的時間。月會培訓的頻率較低，一年只有12次，每月一次的培

訓頻率既改變不了過程，也影響不了結果。週會，是最好的培訓時間，有最合適的培訓頻率。週會培訓一定不要做大而全的產品培訓，週會應拿出一個產品的一個點來進行深度的培訓探討。

第三個訣竅：
環節要簡單，複雜是落不了地的

週會的內容分為三個模塊：一是過程數據的總結；二是客戶的盤點；三是產品的培訓。這三個環節看似簡單，但要想有效開展、落實這幾個環節，需要花費的時間較長。

✿ 月會

有的管理者將月會變成月總結或客戶盤點分析的平台，包括制定團隊目標規畫，了解團隊建設及需求等各方面的內容。

例如阿里就將月會開成了動員大會。阿里有12個月業績大週會，這也是阿里12個月為了衝業績召開的動員大會。在動員大會上，並不是空洞地喊口號、表現決心，而是為員工提供了一個表達自我的平台，用情感去感染其他人。員工十分投入地在臺上訴說自己的成長歷程、感恩的心情、達成目標的喜悅等內容，他們的喜怒哀樂讓所有人都感同身受。這樣的月會，可以讓員工感受到管理者、企業對他們尊重與關心，感受到團隊的溫暖，這是用真心去交換真心的會議。阿里這種形式的月會可以增強員工的歸屬感，滿足員工情感的需求，從而讓員工積極地完成工作，達成目標，獲得更好的

成果。

　　每一家企業的月會形式都不一樣，這需要管理者根據團隊、企業的實際情況去選擇月會的形式。但歸根究柢，管理者在開展月會時要有明確的主題、可落實的方案，只有這樣才能充分發揮月會的作用。

　　要追蹤好過程，是有管理著力點的，而這些訣竅就藏在管理者日常的管理行為中。需要管理者用心地落實日報、早會、週會、月會等各種會議，並將其做細、做深、做透。我之所以一再強調管理者要做好追蹤過程工作，歸根究柢就是管理者**要透過保障流程，來保障員工目標必達，員工因此可以得到好的結果，不斷提升目標必達的信心。**員工透過得到一個好結果，更懂得了管理者把控過程的良苦用心，從而慢慢去養成腳踏實地工作的習慣。

管理者練習

請管理參考以下的內容開早會、週會、月會。

1. 早會：組織分享、制定計畫
2. 週會：重點在於把控過程，輔導技能，重點做好以下幾點：
   （1）過程數據總結：內容包括一週過程數據的總結（詢價數、開發信、電話量等），過程亮點、經驗分享。
   （2）客戶盤點：內容包括本週新開發A、B類客戶的盤點，重點客戶的跟進分析（詳細、深

入、給出方法）。

（3）產品培訓：內容包括主題類產品培訓，深度
探討。

注意：

結果是對過程最好的檢驗，去除偽過程；週會重點
在於客戶分析，對員工輔導並教會其分析方法；從
管理視角發現員工問題；選擇初期輔導人極為重
要，既要懂產品、又要懂銷售，能夠指出員工存在
的問題並給出方法。

3. 月會：重點關注以下幾個方面：

（1）月總結：內容包括月目標達成情況及分析、
過程數據總結，重點客戶分析，客戶情況
詳解（需求、關鍵人、障礙、合作時間等
等）。

（2）下個月的目標及規畫：內容包括制定清晰的
目標、研究客戶組成、量化過程，提出團隊
建議及其他需求。

/7.5/
獲得成果一：
做好 Review 的三個重要維度

在前文中，我介紹了阿里幫助員工成長的五大核心輔導機制中的前四個機制，這裡和大家重點聊一聊阿里的 Review 機制。

Review，在阿里被稱為述職或覆盤，很多企業也把它叫作績效面談。

可能很多管理者之前沒有聽過 Review 機制，這個機制是馬雲在阿里創立之初，親自為整個基層管理者打造的。那時，馬雲常常親自為所有的管理層進行 Review。

提起 Review，現在很多企業管理者有頗多誤解。有的人認為 Review 就是「扒皮」大會，就是要員工痛苦流淚，以駁斥為主。這些都是以訛傳訛，因為**任何不能為員工賦能的 Review 都是失敗的**。

Review 機制是阿里管理體系中一個非常有效的落地工具，它能幫助員工、幫助團隊，甚至幫助整個組織有效地成長與賦能。

那麼，管理者應該如何做好 Review 呢？

✿ Review機制的三個維度

Review機制主要有三個維度：結果維度、策略維度和團隊維度（見圖7-7）。

圖7-7 「Review機制」的三個維度

① 結果維度

結果維度是對整個事件的完整覆盤，管理者首先確保團隊成員對目標達成共識，然後針對過程進行層層分析，最後再對核心關鍵點指標進行設置。經過這個覆盤過程，基本上就能夠把整個事情的全貌看得清清楚楚，哪裡做得好、哪裡有問題一目了然。

在結果維度中，最重要的是對過程數據抽絲剝繭地深度思考和相互溝通。阿里在進行Review的過程中，都會要求團隊成員提供這個階段的數據、業績和成長點，在這個過程中，我們會發現有些員工提供的數據是存在問題的。

我們可以透過Review，把數據背後的問題抓出來，並發揮集體的智慧，讓大家一起來分析為什麼會出現這樣的情況？比如，團隊本月的目標是完成100萬元的業績，但最後目標卻只完成了70萬元，背後的原因是什麼？是團隊狀態不好？還是方法有問題？當然，我們不僅要發現問題，更要找到解決方法。在阿里，這個「找出問題、解決問題的過程」也叫「不斷給藥的過程」。

除了對過程數據抽絲剝繭，Review中還有一個重點，那就是對核心關鍵點指標進行設置。在一段時間內，我們只需要抓少數的核心關鍵點指標，甚至只看一個數據表現。比如，在企業休養生息期，我們只抓業務拜訪量；在企業高歌猛進期，我們只抓業績達成率；在企業業務轉型期，我們只抓新客戶數量。管理者應該和員工對一段時期內的核心關鍵點指標達成共識，共同設置並對其形成有利的監督機制，「死抓」提升關鍵點指標的要素，並和企業的大戰略保持一致性。

在阿里有句話叫：**今天最好的表現是明天最低的要求。**在這裡可解釋為不管這次Review做得多好，它都已經是過去的表現了，在下個階段需要有更好的表現。關於這一點，無論是管理者還是團隊成員，都應該有清楚的認知。

② 策略維度

策略維度的Review是系統地總結目標達成過程中的成功經驗和失敗教訓。要知道，在每一個目標的達成過程中，使用的方法未必全部相同。所以，管理者要深入了解團隊成員

達成目標所運用的方式。

　　如果有好的結果又有好的過程，管理者可以馬上在同級管理者中分享經驗；如果有好的結果但是沒有好的過程，管理者一定要警醒和反思，因為好運氣不可能永遠伴隨；如果有好的過程卻沒有好的結果，管理者務必要重新審視整個過程，因為其中一定存在著某些問題，不是報喜未報憂，就是執行過於粗枝大葉。

　　如果既沒有好的過程也沒有好的結果，管理者就要先了解團隊的狀態，然後共同探尋改進方案，必要時還需要簽署績效改進書。如果持續兩個季度情況依然如此，就要調整員工的職位或是做出辭退的決定了。

　　策略維度的重點是定標準，要根據團隊的實際情況制定出這次任務好的標準，然後與團隊成員達成共識，最後按照這個標準判斷過程和結果的好壞。

③ 團隊維度

　　結果維度和策略維度的Review是從項目、事件的角度來做的，而團隊維度的Review則是從團隊、人的角度來做的。管理者需要謹記的是，我們重視什麼，就需要對什麼投入時間和資源，團隊永遠是管理者做業務工作最大的保障，所以最需要花時間來溝通。

　　團隊維度的Review核心在於賦能。而在賦能之前，先要找到問題所在。只有找準地方，才能一針見血地指出問題，讓員工進行深度反思，更加清晰地認識自己，發現自己的不足，進而找到行動的力量。

在阿里，我們常說：「一切不能賦能給員工的Review都是失敗的。」在大家達成共識的基礎上，給團隊以方法和行動指南，以及讓他們心動的理由、修煉的場景、成長的舞臺和行動的力量，幫助個人和團隊不斷提升。

除此以外，團隊維度的Review也是最佳的團建方式。在這個過程中，我們不僅能磨合彼此的關係，還能看看大家是否信任身邊的夥伴，是否相信自己的團隊，是否相信這件事能做成。

以上內容就是做好Review最核心的三個維度，那麼接下來，我們來看一看Review機制的具體落實過程。

❀ Review機制的落實方法

在Review的過程中，所有提問都是在培養管理者對於人的重視程度，因此Review是固化員工價值觀和管理語言以及行為的最好時機，既要做到循循善誘、加油鼓勵，也要做到當頭棒喝、醜話當先。

Review的頻率一般是三個月一次，但是由於各自的業務週期不同，不同部門的Review頻率也不一樣。比如，業務週期短、疊代快速的部門一個月Review一次；支持協助型部門可以半年Review一次。進行Review時，應該由業務管理者和HR共同參與面談，一般來說，Review可以分為三步：

① 第一步：傾聽

首先，Review 對象要進行自我闡述，這時候管理者要以對方為主，做到「三分提問、七分傾聽」，要抱著支持對方、鼓勵對方、協助對方的心態來傾聽，不要一上來就挑毛病；其次，管理者要引導對方多說，說得愈多，暴露的問題也就愈多，改進的空間也愈多。

② 第二步：排毒

之所以把這一步稱為排毒，是因為在這一步，管理者要瞄準大家共同發現的問題進行深入剖析，找出背後的真實原因。在排毒的過程中 Review 對象一定會感覺痛苦，但是只要他能夠克服，就一定會有收獲。管理者在為 Review 對象排毒時也要充分地準備，務必要讓對方有所收獲。

③ 第三步：給回饋

給 Review 對象一個真實的回饋，管理者既要敢於棒喝，又要樂於讚美，還要做到立場堅定，給 Review 對象的訊息要明確，要讓對方知道自己哪裡需要改進，應該怎樣做。

給員工回饋的過程也是「給藥」的過程，「藥」分為「猛藥」和「慢藥」，有的員工必須「下猛藥」才能幫助他成長；而有的員工則需要「下慢藥」，多鼓勵、多讚美才能激發他的動力。另外，不同的時機也要下不同的「藥」，管理者在「給藥」時必須要做到心中有數，分清「給藥」的對象，把握「給藥」的時機，這是 Review 實施過程中最重要的一個環節。

🌑 Review機制對管理者的作用和意義

Review機制不僅是管理者提升團隊效率、獲得成果的有效管理工具。同時，對於管理者自身來說，Review也是一個反思自己、幫助團隊成長的重要手段。對管理者來說，Review機制有以下三個重要作用：

① 照鏡子

每一個員工Review的過程都是管理者照鏡子的過程，無論是員工回饋公司內訓問題，還是員工回饋公司流程及制度等相關問題，都是管理者需要審視和反思的，因為團隊一切的問題都是管理者的問題。以自己為鏡，可以做別人的鏡子，以別人為鏡子，能夠完善自我。

② 聞味道

每一個員工在Review的過程中都會全面地展現自己，此時管理者要發現員工身上的文化屬性與價值觀是否與公司匹配，要「聞」出不一樣的「味道」。管理者始終要記住，只有志同道合的人在一起，才能走得更遠。

③ 揪頭髮

Review的核心是幫助員工成長，「揪頭髮」往上提，幫助員工上一個臺階思考問題，鍛煉員工的「眼界」，培養向上思考、全面思考和系統思考的能力。把每一個員工往上提，就是把整個團隊往上提。

以上就是關於Review的全部重點內容。最後，我為大家總結了Review的三個重要原則：一是以對方為主，三分提問，七分傾聽，支持協助為初心；二是進門有準備，出門有力量，過程有苦痛，每次有期待；三是敢於棒喝，樂於讚美，醜話當先，立場堅定，訊息明確。

希望這三個原則能對管理者有所幫助。Review機制的初衷是幫助員工，為員工賦能，如果管理者能抱著成就員工的心態去做Review，這就足夠了。

管理者練習

請管理者參考以下原則做一次Review：

1. 以對方為主，三分提問，七分傾聽，支持協助為初心。
2. 進門有準備，出門有力量，過程有苦痛，每次有期待。
3. 敢於棒喝，樂於讚美，醜話當先，立場堅定，訊息明確。

/7.6/
獲得成果二：
客戶盤點，鎖定高價值用戶

在本章的前幾節中，我講到了設定目標、追蹤過程和獲得成果，透過這些動作我們已經把團隊的基本功練扎實了。不過，從全局的角度來看，我們還有一項重要的工作需要完成，那就是客戶盤點。

經過多年的市場實踐，我們不難發現，用戶不是千篇一律的，就算我們始終針對細分市場不斷地進行價值創新，依然不能牢牢掌握整個市場，也無法滿足所有用戶的需求。

雖然，細分市場的用戶對於我們來說都是有價值的用戶，但這些有價值的用戶中，只有一小部分用戶屬於高價值用戶，他們貢獻的價值遠遠超過其他用戶。這就是我們常說的「二八原則」，**20%的用戶貢獻了80%以上的價值。**

為了鎖定這20%的高價值用戶，管理者必須進行客戶盤點，找到那些具有高價值的小部分用戶，並對其進行重點服務，只有這樣才能保證達成業績指標。

客戶盤點的方法有很多，有的公司按照合約金額大小分類，有的公司按照合作時長分類，還有的公司按照客戶的質量分類。客戶分類的形式多種多樣，但是其宗旨基本一致，

那就是方便管理者區分不同價值的客戶，大家可以根據自己工作的特性選擇合適的方法。在本節中，我會根據自己在阿里的行銷經驗，來跟大家分享如何做客戶盤點。

✿ 客戶盤點模式──蜘蛛爬行式盤點

在阿里，我們做客戶盤點的核心模式是「蜘蛛爬行式盤點」，我相信很多人聽到這個名字會一頭霧水，到底什麼是「蜘蛛爬行式盤點」呢？

我先給大家舉個簡單的例子：Google的搜索模式是垂直搜索，就是搜索的關鍵詞與搜索內容的重疊部分占比愈多，那麼搜索出來的東西就會愈深入、愈有價值。我們之前的客戶盤點模式也是垂直盤點，就是對每一位客戶做細緻入微的分析。但是，過了一段時間以後，我們發現在垂直盤點模式下每一位客戶都是一個獨立的個體，很難對具有類似背景的客戶進行歸類，這給後期的客戶服務工作造成了很大的壓力。

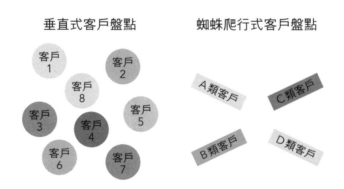

圖7-8 兩種客戶盤點方式對比

後期我們再做客戶的盤點時會根據客戶背景把客戶分為A類客戶、B類客戶、C類客戶和D類客戶，等把所有的客戶分類完，結果就會像蜘蛛的腿一樣伸展開來，清晰明瞭（見上頁圖7-8）。

我剛才說到阿里會把客戶分為ABCD四類，那麼，這四種類型的客戶分別是哪些人呢？透過表7-2，大家就可以明白了。

表7-2 ABCD四類客戶的分類

客戶類型	KP* 是否有意願	產品是否可出口	是否有外貿團隊	簽單時間
A類客戶	是	是	是	本月以內
B類客戶	是	是	是	三個月以內
C類客戶	是	是	是	半年以內
D類客戶	否	否	否	無簽單意願

*key partnership，銷售中的決策人

從上表中，我們可以看出盤點客戶的分類標準為：KP是否有意願；產品是否可以出口；公司是否有外貿團隊；簽單時間。ABC三類客戶的前三個指標都是相同的，只是簽單時間有區別。而D類客戶沒有簽單意願，所以D類客戶就是我們要放棄的客戶。總結來說，盤點客戶的核心標準就是簽單時間。

大家可能會覺得將簽單時間作為盤點的標準有點太簡單，的確如此。這是阿里最早的盤點模式，後來我們在每一

條標準後面都做了延伸。比如，KP有意願，是跟阿里合作有意願，還是有做外貿的意願？產品可以出口，那產品的退稅是多少？是什麼產品？公司有外貿團隊，那麼外貿團隊有多少人？外貿團隊的能力如何？我們可以再根據這些標準進一步細分客戶，最終形成完善的客戶盤點表。

✿ 阿里的客戶盤點原則

在阿里的客戶盤點中，有一個原則需要管理者格外注意，那就是：**客戶的分類與團隊成員的個人能力有很大關聯**。這是什麼意思呢？

舉個例子，有一位客戶一直猶豫不決，遲遲不肯簽單，於是團隊將其劃分為半年內可簽單的C類客戶。但是，業務人員不斷提升自己的業務水準，又經過了一番努力後，把原本計劃半年內簽單的客戶提前簽了，一個月內就可以完成。那麼，這位客戶就可以重新劃分為A類客戶。

所以說客戶盤點不是一成不變的，它是個動態的過程，一次盤點的結果後期還有可能出現變動。因此，在團隊成員能力欠缺的時候，要給客戶貼更多的標籤，要盡可能地把客戶盤點工作做得非常細，這樣客戶類型才能更明確。如果團隊成員能力很強，就可以適當地減少客戶標籤，這樣可以涵蓋到更多的客戶，增加簽單的可能。

客戶盤點不但能使我們清楚手中已有的客戶，還能夠提高客戶的續簽率，發現業績的增長點，很好地把控目標的完成進度。透過客戶盤點，管理者可以更清楚地了解手中的客

戶資源，弄清楚哪些客戶資源可以轉化成業績，然後根據以往的數據統計預估團隊下一階段的業績目標。

有的管理者在設定目標的時候喜歡「閉眼瞎說」，最後造成的結果就是「月初拍胸脯、月中拍腦門、月底拍屁股」。這是因為月初定的目標沒有一點根據，沒有達成目標的路徑和方法，所以基本上都是以落空告終。而客戶盤點可以讓管理者在制定業績目標時更加有理有據，也能夠提供達成業績的路徑，所以管理者一定要做好業績盤點工作。

在阿里，客戶盤點從來都不是一句空話，它是落實到每週的常規工作中。在每週的週會上，管理者都會帶領團隊盤點本週新開發的 A、B 類客戶，並分析重點客戶的跟進情況，分析不僅要詳細深入，還要給出具體的操作方法，因為只有這樣，才能獲得成果。

管理者練習

讓你的團隊對客戶進行一次盤點，分出 ABC 類客戶，管理者再根據每位員工的能力，對其客戶進行覆盤。

PART **III**

領導力修煉

Chapter **8**

領導力三大修煉：「揪頭髮」、 「照鏡子」、「聞味道」

「真正的領導者往往是從自身尋求答案，而不是去外界找理由；有眼光，有胸懷，有實力，這是一個企業家必須具備的三個特質。」

——馬雲

「揪頭髮」：培養見木又見林的系統思維

　　透過系統地了解「管理三板斧」的理論篇、招聘開除、建設團隊以及獲得成果四個模塊後，管理者會發現，真正把「管理三板斧」用在自己的管理工作中是最大的考驗，也是管理者需要不斷修煉的地方。那麼，管理者需要修煉哪些方面呢？

　　作為一個管理者，需要不斷修煉自己的眼界、胸懷和心力。在阿里，這三方面有專屬名詞，即「揪頭髮」、「照鏡子」、「聞味道」，這是管理者修煉的核心，也是阿里高度重視的管理者素養。在本節中，我將會從「揪頭髮」出發進行詳細分析，來幫助管理者提升自己的領導力。

　　「揪頭髮」是一種向上思考的思維方式，可以使管理者從更大的範圍和更長的時間來考慮團隊中出現的問題，從而培養全面思考和系統思考的能力。例如：當兩個部門之間出現問題時，管理者需要從上級的角度看問題、換位思考。如果這個問題是由上級來處理，他會怎麼做？甚至讓它成為一種思考習慣。

　　「揪頭髮」的目的就是避免管理者出現本位主義、急功近利、圈子利益的問題。以圈子利益為例，每個公司都有很

多大大小小的團隊，團隊之間一定存在著一定的聯繫。小團隊的管理者，常常是各自為政，往往是以自己的利益為主，很少思考其他團隊的得失，更難以在大團隊的戰略與小團隊的發展之間做好取捨。這些問題的出現都是由於管理者只從自己的小團隊出發，沒有上一個臺階看問題，也沒有系統思考。如果管理者出現這樣的問題，那就需要「揪一揪頭髮」。那麼怎樣才能「揪頭髮」呢？

　　一個好的管理者在思維層次上至少需要做到「三揪」。

「揪眼皮」：開闊眼界，看得更清楚

　　「揪眼皮」就是管理者要讓自己眼界開闊，看得更清楚。在阿里，最直接的訓練方法從大到小分別是：

* 做行業歷史與發展趨勢的分析。
* 做競爭對手的數據整理與競爭分析。
* 做產品及業務的詳細規畫與發展分析。

　　這裡所有的分析並不是一張簡單的數據表，而是由三位以上的管理者做同一個主題分析，然後在同一時間集中匯報，並由專業評委評出名次，記錄到管理者評級體系中。在這個過程中，管理者最大的受益就是「教學相長」，為別人解釋的同時，更能讓自己想清楚。

　　管理者在開闊眼界、明確自我、提升自我時要從「廣」與「深」兩個方面入手。

開闊眼界，首先要打開視野，看得更廣。在2016年阿里的雲棲大會上，馬雲用自己廣闊的眼界預言了電商行業的前景，為電商開創了新的發展方向——新零售。馬雲認為純電商在未來的20年將會迅速地向新零售的方向轉變，將會形成線上、線下與物流相結合的全新行銷模式。馬雲提出的新零售概念從2016年持續發展至今，使阿里成功建成了集家電家居、快消超市、服飾百貨、餐飲美食於一體的新零售全業態、跨行業電商銷售生態。新零售仍在不斷地發展，也將繼續影響電商行業的發展。打開眼界廣度就需要管理者像馬雲一樣，站在長遠的戰略角度去看待未來的發展趨勢，而不是做「井底之蛙」。

　　看得更廣之後才能看得更深，依舊以新零售為例。據有關消息稱，在2019年6月武漢中商與居然之家新零售達成跨界合作，並將借鑑阿里的新零售經驗，實現門市升級與業態升級。但早在2018年3月阿里就已經成為居然之家新零售的戰略投資者，這也是馬雲早期制定好的新零售戰略。馬雲用長遠的目光制定戰略目標後，就開始拓展視野的深度，即透過具體戰略實施計畫，來更深層次地挖掘市場的需求點，從而促使阿里能夠得到最大化的利益與可持續性的發展，並為後來者提供寶貴的經驗。這就是「先富帶後富」的道理。

　　要想如馬雲一樣擁有廣度與深度的眼界，管理者應該深入分析行業的發展歷史與未來的發展趨勢，以便制定長遠的戰略目標。其次，管理者還需要分析競爭對手、市場現狀的數據，不斷地學習競爭對手的優秀之處，這樣才能制定出可長遠執行且具體的戰略計畫與方法。除此之外，管理者還需

要不斷地研究市場產品以及跟進團隊的業務水準，這樣才能進行詳細規畫，促進自己、團隊與公司的長遠發展。

❽「揪胸膛」：讓自己受得了委屈，修煉自己強大的內心

「揪胸膛」，就是管理者要受得了委屈，修煉自己強大的內心。阿里有句土話叫：**管理者的胸懷是被委屈撐大的。**生活充滿了各種不確定和挫折，如果一點自我調節能力都沒有，可能會被生活、工作壓得喘不過氣。尤其是管理者，除了調節自我，還要調節團隊，要訓練自己強大的內心。這就需要找出自己內心的力量，透過坦誠的交流與外界的引導，發現成長過程中支持自己最重要的力量源泉和最有成就感的體驗，然後記錄下來，透過不斷回顧讓自己保持自我悅納的心態。

華為的創辦人任正非就是「揪胸膛」的佼佼者。2003年，是華為的一個「嚴冬」，1月23日，思科以「華為仿製其產品、侵犯其知識產權」為理由起訴了華為在美國的分公司，任正非此時並沒有慌了手腳，而是冷靜以待。他一邊聘請律師進行法律辯護，一邊與思科的競爭對手──3COM公司結盟。最終華為在3COM的支持下與思科達成了和解，並在同年3月與3COM成立了「華為三康」合資公司，順利度過了這個「嚴冬」，促使華為的發展「更上一層樓」。

要想成為任正非這樣內心強大、自信而理性的管理者，除了需要找出自己內心的力量之外，管理者還可以透過團隊

的參與和支持來獲得力量並訓練內心。這需要管理者與團隊成員一起討論面對困境的可行性方法，集思廣益，透過溝通給予自己和團隊信心。

一個成功的管理者背後往往站著無數支持著他的員工，這是管理者擁有強大內心力量的來源，也是支撐管理者能夠繼續走下去的強大動力。

⚙ 「揪屁股」：超越伯樂，成就他人

「揪屁股」就是管理者要讓自己超越伯樂、成就他人。一個優秀的管理者，是透過成就別人來成就自己的，一個好的管理者必須是一個好的教練，願意培養出比自己更優秀的管理者。

為了保障管理者落實這一點，許多公司都建立了後備軍的人才機制。例如一個管理者，沒有培養出一個可以替代自己的人，那這個管理者就沒有升職的可能性。如果管理者有一個升職的空間和標準，他就會願意給員工升職的空間，並培養員工。

當時擔任阿里首席人才官職位的彭蕾，就完成了讓自己超越伯樂、成就他人的目標，為阿里培養出一個能力出眾的人才──童文紅，即現任阿里副總裁兼菜鳥首席營運長。

30歲進入阿里的童文紅沒有專業能力，也沒有背景，接受阿里兩次面試後沒有得到自己的預期職位，最後成為阿里的櫃檯接待員。但她並沒有因此沮喪、放棄，在從事櫃檯工作的時間裡，她將每一件事都做得細緻完美。例如：根據季

節主動安排茶水間的飲品；客服忙碌時幫助客服進行電話釋疑等等。在做櫃檯的一年時間裡，童文紅在平凡的職位做出了非凡的成績。

阿里高層彭蕾看到了童文紅的價值，擔當了伯樂，邀請董文紅任職行政部主管並幫童文紅分析職業未來，為她的職業規畫給出了建議。因為彭蕾對童文紅的重視與培養，才有了她如今的成就。在這一過程中，阿里建立的後備軍人才機制發揮了巨大作用，正是這一機制加強了管理者對員工的培養之心與培養力度。

除了建立後備軍人才機制，管理者還需要進行專業管理的培訓，並允許人才流動，例如阿里的輪職機制，輪職制度可以使員工與企業的需求相配對，使每一位員工都處在合適的職位，用這種動態的制度提升企業的安全性與穩定性。其他管理者也可以根據自身的實際情況效仿阿里，透過這樣的方式，培養出更多的人才，在成就他人的同時成就自己。

以上三個內容就是一個管理者做好「揪頭髮」，培養自己全面思考能力時必須做到的。電影《教父》（*Godfather*）裡有一句經典臺詞：在一秒鐘內看到本質的人和花半輩子也看不清一件事本質的人，自然是不一樣的命運。在企業中，管理者要有透過現象看本質的系統思考能力。一個優秀的管理者，不僅能把事情做好，把團隊帶好，還要能夠了解業務發展的路徑與方法，探究行業演變的規律與經濟環境的局勢。

當團隊出現問題時，管理者需要從三個視角去思考：一是老闆視角，也就是管理者上級主管的視角；二是行業視角

或者叫跨部門視角；三是客戶視角或者叫公司視角。

有時很多問題要能有效解決，往往有賴於管理者對更高層級的認識，管理者站在三樓試圖解決三樓的問題，常常理不出頭緒。但如果管理者站到四樓看三樓，就會感覺問題迎刃而解，這是聯想集團（Lenovo）創辦人柳傳志說「退出畫外看畫」的道理。

因此，管理者在面臨大多數管理問題時，常常需要從經營的層面出發；管理者在討論經營問題時，需要上升到企業戰略層面；管理者在討論企業戰略問題時，需要上升到產業變遷和行業本質層面；管理者在討論產業變遷問題時，需要上升到國家政策層面看問題；管理者在討論國家政策的問題時，需要上升到民族文化和歷史規律上看，而民族文化的形成又離不開……

作為一個管理者，需要時常「揪頭髮」，讓自己具備系統思考的能力，要能夠「見木又見林」。

管理者練習

請管理者參考以上「三揪」，讓自己具有系統思考的能力。

/8.2/
「照鏡子」：定位客觀真實的團隊與自己

一個管理者「揪頭髮」的方法有很多，但開闊眼界這個事情，就像進了圖書館一樣，總有沒看過的那本書，總能學到新知識。如果管理者只是做開闊眼界這一件事，可能收穫的不僅有知識，可能還有焦慮、迷茫。這時，管理者就需要透過「照鏡子」來明確定位與方向。

管理者應該牢牢記住這句話：愈是「揪頭髮」揪得狠，就愈要更加狠地去「照鏡子」。「揪頭髮」是往外看，看豐富的世界；「照鏡子」是往內看，看真實的內心，這兩者對管理者來說缺一不可。「照鏡子」是不斷地認知自我、認知團隊的過程。對管理者來說，這就像GPS一樣，可以不斷地幫助管理者糾正方向，規劃路線。那麼，管理者應如何「照鏡子」呢？

阿里為此特別提出了「照鏡子」方法論：管理者有「三照」：「心鏡」、「鏡觀」、「鏡像」。

❀ 第一面鏡子：「心鏡」——做自己的鏡子

心理學裡有個概念，稱為「認知」，是指你如何看待一個

329

事物的思考過程;另一個概念「後設認知」(metacognition),是指你對你認知的認知,也就是對自己思考過程的認知和理解,這一概念可以幫助管理者進一步糾正思考方式和結果。

例如,有一天你走出辦公室,碰見兩個員工正在嬉笑著聊天,一看到你就變了臉色趕快回到座位上。你不太高興,可能會想:這是在說我壞話嗎?這就是你對這件事的認知。「後設認知」就是把你當成自己的鏡子,去中立地思考:為什麼我會認為他們在說我壞話?是我與他們平時的溝通不順暢嗎?還是我最近有摩擦沒處理好?難道是因為這兩個人業績一般,我本來就對他們有意見?

做自己的鏡子,可以使管理者客觀而真實地看到引發當下認知、激怒自己情緒的到底是什麼。如此才能像照鏡子一樣「黑白分明」,還原事物本身的色彩,黑色就是黑色,白色就是白色,不因為自己的好惡而改變,也不因為自己的情緒而扭曲。這就是「不以物喜,不以己悲」的境界。

做自己的鏡子就是保持理性、冷靜地面對一切。管理者在對自我進行審慎思考時,要保持冷靜。例如,如果有很多人平白無故地誇獎你,請不要得意,也許他們只是因為你是他們的領導者而誇你。在上級管理者對你比較嚴苛時,請不要灰心喪氣,認為他在針對你,他可能只是看重你,急切地希望你能成長。

做自己的鏡子,就是找到內心強大的自己,讓自己體會到內心強大的自我,可以在痛苦中堅持自己、成就別人。管理者應該多問問自己:我想要什麼?我有什麼?我能付出什麼?**以己為鏡,物有本末,事有終始,知所先後,則近道矣。**

　　除了透過審視自己來實現以己為鏡之外，還可以透過與團隊交流來分析自己存在的缺陷與問題。例如在開早會等會議時可以分享一些自己的想法、工作態度、人生經歷等等，然後讓團隊成員提出自己的想法。管理者可以透過聽取他人的想法來回顧自己的做法，並發現其中可能存在的問題，然後加以改正，從而不斷地突破自己，實現自我價值。

　　管理者以己為鏡照樣可以正其位、明得失，然後對自己、團隊進行更加明確的定位，規劃正確的方向，實現企業的戰略目標。

❽ 第二面鏡子：「鏡觀」——做別人的鏡子

　　管理者把自己放到團隊中後，管理者與員工彼此就是對方的土壤，彼此成為對方的鏡子。那麼，管理者要如何成為別人的鏡子呢？

　　管理者擁有良好的素養、專業的管理經驗是做別人鏡子的前提。馬雲之所以能夠成為其他管理者與員工的鏡子，是因為他的優秀，他能夠一眼辨別出員工的優勢與問題。在阿里可能經常會有這樣的現象：馬雲在休息的時間，從樓下到樓上巡視一圈回來後，就能明確地指出某部門的某人存在的問題。這是馬雲用自己的經驗與能力判斷出來的。其他管理者要想像馬雲一樣，就要不斷地進行修煉，提升自己的能力，只有這樣才有成為員工鏡子的資格。在擁有了資格後，管理者就可以根據以下建議來做好別人的鏡子，促進自己與他人更好地發展。

傾聽是做好別人的鏡子的第一步。傾聽不只是不去打斷對方說話，還要積極回應。管理者要在傾聽的過程中，不斷地確認對方真正想表達的內容，比如「你是想說×××嗎？」或者「你是因為×××而苦惱嗎？」這樣的回應，可以不斷地幫助員工梳理自己的思路，梳理員工真正的想法。

　　做別人的鏡子，還需要管理者有同理心。同理心並不是同情心，同理心是將心比心，而不是置身事外。同理心能夠使管理者站在員工的角度去思考問題，但並不是要管理者盲目地認為員工是正確的，而是應該去理解員工的想法，這樣才能求同存異，達成共識。管理者也不能將自己的想法與準則強加到員工的身上，而是要透過溝通發現員工的問題，提出自己的建議，從而對員工形成一種正面且積極的影響。

　　想做別人的鏡子，管理者還要明察秋毫。就像阿里的Review一樣，管理者需要回饋給對方你所看到的東西，無論是優點還是缺點。當然，這需要建立在一個彼此信任的團隊氛圍的基礎上。如果沒有準備好，管理者最好在回饋缺點前先肯定一下優點，盡量破除對方的抗拒心理，這樣對方接受你批評時接受度也會更高。要想使管理者與員工相互信任，管理者就要以身作則，告訴員工不需要掩飾自己的問題，要將問題拿出來大家一起解決。正如支付寶傳達出的「因為信任，所以簡單」的觀點一樣，管理者做到明察秋毫後可以讓團隊的工作變得更簡單明確，提高團隊工作效率。

☀ 最後一面鏡子：鏡像——以別人為鏡子

阿里有句「土話」：**如果別人說你有，那你就是有；如果別人說你沒有，那就是沒有。**這句話道出了「別人眼中的你和你眼中的自己不同」的道理。尤其對於管理者來說，如果看到的經常都是笑臉，就會很容易被表象麻痺。正所謂「以銅為鏡，可以正衣冠；以人為鏡，可以明得失。」那有什麼好辦法能夠幫助管理者明確地認知自我、認知團隊呢？蓋洛普Q12、組織氛圍調查、360度績效考核等等，這些都是很好的管理團隊、認知團隊工具。

管理者在使用Q12的過程中，要讓員工們回答「我知道公司對我的工作要求嗎」、「在過去的七天內，我因工作出色而受到表揚了嗎」、「我的主管關心我的個人情況嗎」、「在工作中，我的意見受到重視了嗎」等問題。這些問題能夠很清楚地向管理者回饋一個團隊真實的氛圍。

組織氛圍調查一般使用Q20模型，這是對Q12模型的完善與改進。該模型是由基本需求、評價鼓勵、團隊合作、職業發展與集體榮譽五個部分組合而成，並在這五個部分中繼續細化出20個問題。管理者可以透過這個模型了解員工的需求點、工作狀態等訊息，也便於管理者及時發現自己在管理中存在的問題。

透過360度績效考核，管理者可以全方位、多角度地考察自己，從而幫助管理者進行自我評估與自我改進。他人對我們的認知與自我認知是不同的，因為自我認知可能會受到情緒、情感、環境等因素的影響，只有透過自己、他人及環

境的回饋，管理者才能全方位地認識自己。

　　有調查表示，人們90%的外在行為都是潛意識的習慣，是本能反應。因此，管理者很難發現這些本能反應中可能存在的問題，或者下意識地忽略員工工作中的小細節。這就需要管理者能夠冷靜下來，透過對員工、對團隊的觀察和及時的溝通，發現自己與他人的問題，明確自我認知與團隊認知。這需要管理者能主動去和三種人群交流：上級、平級、下級。在阿里，「**對待上級要有膽量，對待平級要有肺腑，對待下級要有心肝**」，每個角度的重視點不同，上級關注你的思維和價值觀，平級關注你的溝通與胸懷，而下級關注你的能力和關愛。主動與這三類人坦誠交流，管理者自然會看到真實的自我和提升點。

　　在以人為鏡時，管理者還需要建立一個和諧且相互信任的團隊氛圍，這是前提條件。團隊之間互不信任，會使員工不願吐露自己真實的想法。

　　我在為企業做管理培訓時，一位管理者向我訴苦，說團隊成員之間沒有信任感就是災難。他帶領的團隊表面上一團和氣，背地裡卻是各自為政。例如打小報告、傳流言等行為在團隊裡並不罕見。這使團隊成員在工作中不敢提出自己的建議，害怕被「穿小鞋」＊。等他發現這個問題時，團隊已經人心渙散，一點小事也能牽扯出不少人。他決定立即行動，首先開除了幾個「攪渾水」的員工，然後透過定期開展「同心會」、「動員會」等活動來消除員工之間的隔閡。如今，

＊　指被人多家刁難與報復。

這位管理者的團隊已經發生了巨大的改變，各團隊成員能夠毫無顧忌地互相指出對方的問題，在討論問題時各成員會爭論得「臉紅脖子粗」；而在面臨困難時，卻能同心協力、同甘共苦。在團隊裡，任何事情拿到檯面上來說，而不是在背後討論，這樣才能促進團隊團結協作，使團隊成員互相以他人為鏡，在不斷地發現問題、解決問題的過程中，實現自我提升與突破。

三面鏡子依次照完，一個管理者對自己的認知、對自己團隊的認知，也就更加清晰。管理者需要孤獨，因為要獨自面對諸多複雜的問題；管理者需要融入，因為要透過「上通下達」來推進企業與組織的發展。**以自己為鏡，突破自我的天花板；做別人的鏡子，對事苛刻，對人寬容；以別人為鏡，知得失而明真理。**

「揪頭髮」與「照鏡子」都是在幫助管理者形成自身獨特的味道，而「聞味道」其實就是管理者自我味道的一種體現與放大，是任何一支團隊氛圍形成的源頭。

管理者練習

我是誰
- 姓名
- 年齡
- 職務
- 三個最強的個性標籤
- 尋找自己：寫一張自己的尋人啟事（30字以內）

我從哪裡來？
- 我的家鄉
- 現居地
- 畢業學校
- 專業主修
- 在學期間是學霸、學弱還是學渣？
- 我認為接受的教育對我人生價值觀、品質、人格、思維方式產生了哪些影響？
- 在原生家庭裡，對你影響最大的家人是誰？
- 他們對我人生價值觀、品質、人格、思維方式產生了哪些影響？
- 有過幾段工作經歷？給每段經歷寫一個標籤關鍵詞
- 每段工作擔任職務
- 每段工作取得成績
- 每段工作獲得教訓經驗
- 有過創業經歷嗎？收穫為何？取得何種經驗教訓？

我要到哪裡去（我要什麼）？
- 十年後，我希望人們記住我是一個怎樣的人？
- 這一生，我想成為一個什麼樣的人？
  - 企業家
  - 商人
  - 職業經理人
  - 行業菁英
  - 公司高管
  - 其他

/8.3/
聞味道：確保團隊有相同的底層特質

在本章的前兩節裡，我分享了透過「揪頭髮」打開眼界，透過「照鏡子」認知自我，那麼本節我將分享如何透過「聞味道」把控團隊。

如今有許多管理者都會發現這樣的問題：團隊發展得愈大，成員之間的信任就愈岌岌可危，彼此之間不敢講真話；業績的壓力讓員工埋頭苦幹，雖然業績很好，但員工對工作的滿意度卻愈來愈低。

出現這種問題，就需要管理者去發現「味道」。「味道」是人與人之間的關係，每一個團隊都有自己的氣場、味道與氛圍，管理者要不斷地提高自身的敏感度和判斷力，從而準確地感知團隊的狀態，把握和識別團隊、組織的味道，及早防微杜漸。

管理者要「聞味道」，首先要明確「味道」究竟是什麼？「味道」是如何形成的？這些「味道」意味著什麼？

本書的「招聘四步曲」已經提出了求職者要與公司價值感相匹配；有樂觀豁達的工作與生活態度，不計較得失，經得起歷練；要保持簡單、開放、快樂的心態。這是管理者在招聘時需要注意的內容，那麼管理者如何在平時透過「聞味道」來確保團隊有相同的特質呢？

❂ 「聞味道」的四門功課

　　企業發展之路十分漫長，在這個過程中，管理者可以不斷地培養員工的能力，調整團隊的路徑，但前提是團隊成員必須是同路人。團隊成員之間既可以背靠背作戰，也可以面對面爭論，這是一個團隊最好的狀態。管理者自身要對你想要的「味道」深刻理解，對人性充分把握，對味道的表現形式非常了解。**「聞味道」，一定要「聞」到事件的背後，「聞」到人的內心，「聞」到人的利益。**那麼在工作中管理者要如何去「聞味道」呢？接下來我將分享阿里「聞味道」的四門功課。

❂ 「望」

　　「望」就是觀察。管理者需要時刻觀察團隊成員的表情、眼神，甚至是與他人對話的聲量。管理者在觀察後，如果發現有的員工眼神沒有互動、聲音低小，這可能是員工沒有安全感，說明團隊的氛圍出現了一些問題。

　　「望」的前提就是關注、重視。阿里重視每一位員工。阿里集團行政總監王詠梅認為「阿里最重要的財富是人」，阿里不會輕視任何一名員工，在工作中會不斷地將員工提出的問題，放在團隊中分享討論，並提出解決意見。即便是本年度業績最差的員工，管理者也會幫助他們制定改進計畫，不會立刻淘汰。阿里的團隊就像是一個家，對於那些離職的員工，阿里也會敞開懷抱，等待著他們再次回家。

　　阿里不僅會在工作中給予員工安全感，還會透過節日、

活動來向員工傳遞安全感，讓員工感受到管理者對他們的重視，讓團隊變成一個家。每到過年時，阿里就會給員工家裡送禮品、打電話傳遞祝福，告訴員工的家人，他們都在與馬雲一起奮鬥，這讓員工感到自豪與驕傲。正是阿里的人文關懷，讓員工心甘情願地去加班、去學習、去奮鬥，這讓每一位在阿里工作過的員工都有獨特的「阿里味」，就算是已經離職的員工也不例外。阿里的「校友會」就是針對離職員工設計的交流會，讓每一個員工都能像老朋友一樣重聚一堂。這在每一個阿里人心中埋下了情懷的種子。

　　管理者可以借鑑阿里的這一招，透過「望」讓員工感受到你對他們的重視，用真心去博得他們的信任，用情懷去連接每一個員工，最終打造出一個凝聚力強的團隊。

❀ 「聞」

　　「聞」就是感受。當管理者發現問題後，需要靠近這些員工，去感受員工的氣場，去評估這些員工的行為、語言，並考量其行動背後的動機是什麼？其工作背後的邏輯是什麼？反映了什麼樣的價值觀？管理者走近這些沒有安全感的員工時，需要去感受他們是否對工作感到厭煩？是否對管理者有猜疑？是否對其他夥伴有猜忌……

　　解決猜忌最好的方式就是將一切透明化，這需要管理者做到公平、公正，不論事情的大小。舉個例子，阿里的「先鋒營」開設在杭州市西溪區，員工多、停車位少。於是阿里的行政總監王詠梅想出了一個妙招：實行車位抽籤，並直播

抽籤過程。這一活動連公司副總裁也必須參與，不能享有特權，做到了絕對的公平；而那些對團隊、對社會公益等有傑出貢獻的員工，則享有「十個專設車位」的抽籤權利。天貓品控部的員工「雨仇」表示：「對於這種公開透明的分配方式，哪怕抽不中，大夥也心服口服，不會有任何怨言。」這樣的規定既公開透明，又包含了獎勵機制，可謂是解決了「不患寡而患不均」的問題。

其他企業的管理者也可以借鑑阿里的做法，將規則擺放在明處，讓所有員工都能看見規則運行的方式、過程以及結果，這樣才能提高管理者的威信力，讓團隊成員放下猜忌，攜手共進。

❀ 「問」

「問」就是溝通。語言是思想的物質外殼，能夠直接地反映一個人的思想、信念和價值觀。在溝通的過程中，管理者一定要把事情具象化，把事件還原，讓員工慢慢地將一些掩蓋的行為、思考表達出來。

阿里為了讓員工能夠表達內心真實的想法，從而了解員工可能存在的問題，專門開設了內部交流平台──阿里味。透過這個平台，管理者可以發布大小通知，員工們可以盡情發言。馬雲認為這樣的平台可以保證員工的知情權，是尊重員工的表現。因此，馬雲也會經常在上面發文，時常會有員工在馬雲的貼文下留言表達各自的觀點，甚至還會有員工批評與糾錯。例如，指出標點符號的錯誤使用、文章不夠直

白、沒有開門見山等問題。

阿里味平台加強了阿里內部人員之間的溝通，其他企業的管理者也可以為員工建立一個能夠自由發言的平台或者場景，這能夠使管理者及時地了解員工的想法與建議，集思廣益，從而共同促進團隊的發展。

❀ 「切」

「切」就是調查。在溝通發現問題後，管理者首先需要透過調查進行驗證和分析，確保問題的真實性；然後切中要害，抓住問題的根源，深挖問題的本質；最後綜合「望聞問切」的結果來看，管理者便能發現造成員工缺乏安全感的原因，例如，管理者太嚴厲或者是團隊成員的工作壓力大，彼此之間缺乏溝通等等。

「切」的重點在於行動，其目的是為了最終解決問題，促使團隊形成獨特的團隊「味道」。抓住要害是第一步，阿里認為員工的需求得不到滿足是許多問題的起源，而員工的需求分為物質需求與心理需求兩種。在物質需求上，阿里緊抓員工置業買房的需求，推出了30億元的「iHome」計畫，為符合條件的正式員工提供無息購房貸款，讓更多員工能買得起房。這一計畫解決了眾多員工的燃眉之急。除此之外，阿里還推出了「蒲公英互助計畫」與「彩虹計畫」，為員工提供幫助與生活保障。在心理需求上，逢年過節的禮物、頒發一次又一次的團隊榮譽、美好而清晰的未來規畫等都可以滿足員工的心理需求。

管理者解決了員工的需求問題，基本上就解決了團隊管理一半的問題。而剩下的一半則需要管理者深入調查、加強溝通、提出建議、解決問題。只有這樣才能創造出簡單而又互相信任的團隊氛圍。

❂ 「聞味道」落地實操

管理者發現問題後，自然就需要去解決，那麼管理者如何透過「聞味道」去解決這些問題呢？

要「聞味道」，就需要先製造味道。其實**團隊的味道都是慢慢「燉」出來的**，在這個過程中管理者起到了決定性的作用。因此管理者要以身作則，你想要什麼味道，就應該散發什麼味道，最後團隊才能給你什麼味道。作為一個團隊，我認為一定要有的味道是：簡單信任。這可以使團隊的每一位成員都能做真實的自己，不矯揉造作。「因為信任所以簡單」，這個簡單，其實「不簡單」，因為每一個「簡單」的背後，都需要有強大的內心與自我管理支撐。簡單的關鍵在於信任，接下來，我將以「如何讓團隊散發簡單信任的味道」這一問題為例，來為管理者提供一些具體的行動建議。

管理者要說到做到，這是首要條件。要讓團隊說到做到，管理者自己就必須說到做到。小至遲到早退，大至戰略布局；做你所說，說你所做。管理者的所作所為直接影響著團隊的氛圍，如果一個管理者不能做到遵規守紀、服從工作安排，那麼團隊的成員也不可能會有更好的表現。只有說到做到才能建立起團隊夥伴對管理者的信任，這種信任可以在團隊內

部互相傳遞。團隊的每個人都是有能力的，是可以成長的，而成長過程有痛苦，那作為管理者就要有一顆勇敢的心。

馬雲說到做到，不論是對員工的承諾，還是戰略目標，馬雲都一一落實。例如「iHome」置房計畫，經馬雲等高級管理層決定，直接拿出30億元的資金來落實這項計畫。馬雲對女子足球隊的戰略投資也不只是表現在言語上，這項投資計畫早在2014年就已經開始實施，贊助了海南瓊中女足。2018年，阿里官方表明，螞蟻金服將會為女足提供整體的贊助。信守承諾是馬雲能夠帶領團隊衝鋒陷陣的關鍵因素，這不僅讓馬雲獲得了員工的信任，也贏得了社會的認可。

除此之外，管理者要做到獎罰分明，這是「聞味道」的基本原則。管理者的味道是會自然散發的，刻意的散發反而形神不符。管理者自然散發味道的方式有很多，其中透過賞罰機制散發味道是最有效的方式。

在團隊中，**優秀的團隊管理者，應該是能夠敏感覺察團隊溫度的人，獎罰的時機是散發味道最好的時機**。獎勵要賞得人心花怒放，懲罰要罰得人心服口服。如果獎勵不能服眾，員工會失去對團隊的信心；如果懲罰不能服人，也會引起員工的質疑，造成團隊的動盪。

管理者要做到獎罰分明，就必須有原則與底線，即遵守公司的規章制度。依規章制度管理公司，也要做到制度面前人人平等，管理者不徇私、不退讓，按照制度去考核。管理者在懲罰上要有原則，在獎勵上也要及時。

2018年，螞蟻金服獲得了140億美元的融資，馬雲為了激勵員工，獎勵了164億元的股權。2014至2018年，馬

雲總共獎勵員工約800億元。雖然馬雲在獎勵員工時經常採取「撒錢」模式，但他認為獎勵並不是透過粗暴地「燒錢」來實現的，而是要根據員工的努力程度以及努力的結果來進行利益分配，從而實現獎勵的效果，這也是為了讓員工共享公司成長帶來的財富。雖然其他管理者沒有馬雲這樣的大手筆，但做到獎罰有據、有方，依舊可以達到激勵員工的效果，使團隊成員一條心。

到此為止，「阿里管理三板斧」之「腿部三板斧」的內容已分享完畢了。最後，我將以杜拉克的一句名言作為結尾：**管理是一種實踐，其本質不在於知，而在於行，其邏輯不在於驗證而在於成果，其唯一的權威就是成就**。管理的過程是知行合一的過程，管理者只有將管理理念不斷地落實到工作中，在工作中不斷強化才能轉變成思維習慣，形成管理技能與經驗。

管理者練習

請管理者「聞聞」自己團隊裡的味道，並思考以下幾個問題：

1. 你的團隊裡有人散播負能量嗎？他們彼此信任嗎？他們信任你嗎？
2. 他們願意與你進行深入溝通嗎？
3. 你能解決他們的困難和問題嗎？
4. 你能遵守承諾嗎？

附 錄
. . .
阿里「土話」

— 夢想篇 —

同學,這塊磚頭是你掉的嗎?

——阿里巴巴的夢想源自長城上的一塊磚頭,我們相信,每一
個阿里人的心裡都曾落下過一塊磚頭,或大或小,我們相信
「心有多大,舞臺就有多大」。

**If not now, when? If not me, who?(此時此刻,非我莫
屬)**——1999年11月11日,阿里巴巴高調發布人才招聘消
息。當天阿里巴巴在《錢江晚報》第八版發布招聘廣告,第
一次發出「If not now, when? If not me, who?」(此時此刻,
非我莫屬)的英雄帖,這句豪言壯語響亮地說出了「捨我其
誰」的使命感和責任感,至今聽來依舊熱血沸騰,成為阿里
人的經典「土話」。

今天最好的表現是明天最低的要求。——阿里人時常用這句
話鼓勵自己和團隊,既是進取的表現,也是自信的表現。相
信我們能做到,相信明天會更好!

沒有過程的結果是「垃圾」，沒有結果的過程是「放屁」。——
過程和結果都很重要，而且這兩者密不可分，好的過程帶來
好的結果，而好的結果源於好的過程。

― 敬業篇 ―

心臟肥大？好事啊，腳穩就更好了

——我們不缺戰略、不缺想法，缺的是將之變現的人，因此心
要大，腳要實。而急於證明自己的人，就不會有投入的心態。

加班是應該的，不加班也是應該的，只有無法完成工作是不應
該的。——有同學提出「是否應該加班」的疑惑，馬雲給出
了最好的答案。做好時間管理，積極改進工作方法，提高工
作效率，做好工作。至於是否加班，它只是一個表現。

勇敢向上，堅決向左。——曾教授某一次分享他個人這幾年
的體會。「勇敢向上」指的是要敢於向上承擔，承擔似乎遠
遠超出自己能力的責任，這樣才有突破發展的可能。「堅決
向左」指的是不要過於依賴自己的核心能力，要不時地走走
不同的路。走常規的路，只會有常規的結果。

剛工作的幾年比誰更踏實，再過幾年比誰更激情。——新人
忌諱浮躁、好高騖遠和懶惰，老人忌諱麻木和悲觀，試著常
常告訴自己要像第一天那樣去工作，保持激情，保持樂觀積
極充滿希望。

── 壓力篇 ──

so what

──工作就會有挫折，但 so what，即使第 100 次跌倒，

還可以第 101 次站起來。

與其怕失敗，不如狠狠地失敗一次。 ──有一種人做事，怕這、怕那，總要想了又想。想是好的，但想了又不去做就沒意思了。怕什麼？在失敗中總結，重新來過。狠狠地在失敗中成長！

今天很殘酷，明天更殘酷，後天很美好。但是絕大部分人是死在明天晚上，只有那些真正的英雄，才能見到後天的太陽。 ──要堅持，堅持者必勝！

男人的胸懷是被冤枉「撐大」的。 ──馬總曾對大家說：「加入阿里巴巴，我不承諾豐厚的報酬，但承諾一肚子的委屈。」在逆境中成長，把壓力轉化為動力，是一份寶貴的經驗。

── 困惑篇 ──

每個月總有些日子不舒服，但痛並成長著

──待久了，面對重覆、面對壓力、面對外面的機會，總會倦怠、總會煩躁、總會迷惘、總會有這樣那樣的不舒服，但這就是你成長的時候。

我們為不懈的努力鼓掌，但按結果付酬。——這要求我們做事要以結果為導向，要清楚我們的目標和方向，然後努力去達到那個目標。

你感覺不舒服的時候，就是成長的時候。——感覺不舒服的時候，人都希望透過某些途徑和方法讓自己舒服，於是不舒服成了驅動人進步和成長的良藥！有了不舒服，關鍵是要學會尋找對症下藥的方法。

自得其樂是一種能力。——無論工作還是生活，都要投入。你要跟它合二為一，千萬不要使自己跟它對立，分裂，然後讓自己處於一種掙扎和矛盾當中，那是非常耗費能量的一件事。

一 團隊篇 一

你不是一個人在戰鬥

——你我皆凡人，團隊才是那個點石成金，成就非凡的魔術師。你不是一個人在戰鬥，你也無法一個人戰鬥。

分享是最好的學習方式。——教別人是最好的學習方法，因為分享讓你精心準備、理性總結、重新思考。

必須高調地把目標喊出來，讓別人幫你，讓別人來監督你。——學會高調第一步是行動！一開始高調一定會不習慣，一定會很緊張，慢慢就會適應的！

己所欲，施於人。——與人相處如照鏡子，你怎樣對待別人，也就怎樣對待自己。你希望別人怎麼對你，你首先要怎樣對別人。而且，這個觀念比「己所不欲，勿施於人」更積極。

一　管理篇　一

管理不易，管理一群聰明人更難，
需要技巧，更需要捨我其誰的魄力。

重覆等於強調。——作為管理者，要承擔上傳下達的角色。在這個過程中，不斷重覆是很重要的。作為員工，如果聽到管理者重覆某件事情，那證明他在強調這件事的重要性。

管理者要學會自己舔傷口，舔完自己的傷口還要去舔別人的傷口。——這句話對於一些容易受傷的人很受用，話糙理不糙。生活充滿挫折，如果沒有一點自我調節能力可不行。尤其是管理者，除了調節自我，還要調節團隊。

你剛來時可以抱怨你的手下是一群混蛋，但是如果過了一年你還在抱怨，那麼你才是一個真正的混蛋。——馬雲告誡管理者不要只看到員工的缺點和不足，而更應該想辦法讓他們有所提升，這是領導者的作用。

後　記

. . .

一顆心、一張圖、一場仗

　　企業打天下需要的是能夠形成合力，即一顆心，需要形成一張組織大圖，共同打贏的一場仗，也就是在阿里我們常說的「一顆心、一張圖、一場仗」。接下來，我會從一個企業打天下的全景，為大家介紹企業成功所必備的基石和要素。

⚫ 一顆心：團隊要和家人一樣，不花時間，產生不了親情和化學反應

　　一顆心，這是大家可以相互信賴、彼此開放的一顆心。如果你是一家企業的管理者，你和你的團隊、以及整個公司之間是不是都是一條心？你的團隊是一群什麼樣的人？你們是否有默契、你是否有能力帶動整個公司朝著夢想前進？你該如何引起員工的工作動力？又如何定義他們的工作價值？

　　以上這些都是與「一顆心」有關的問題，很多企業愈走愈發現，員工累了，跟不上管理者的節奏了，往往是因為「這顆心」出了問題。團隊要和家人一樣，不花時間便產生不了親情和化學反應。

　　在阿里，團隊最大的戰鬥力取決於這個團隊能不能「一顆

心」面對不同的人與想法，管理者做什麼才能讓一個團隊彼此背靠背，這是管理者真正需要花工夫去思考的可為之處。

✿ 一張圖：組織大圖

當我們有了自己的戰略大圖後，還需要組織大圖去匹配戰略大圖，在當下，業務戰略決定組織戰略。

阿里之所以發展如此強勁，是因為阿里的組織極其強悍。而現在，很多企業的問題是業務線強勁，組織跟不上，當業務發展過快的時候，組織的危機就來了。

尤其在企業擴張的時候，你想要招多少人，不是由你決定的，而是由現在有多少管理者能夠帶人決定的。如果企業沒有足夠的管理者去培養人，擴張愈快，對企業威脅愈大，甚至可能帶來毀滅性的危機。

所以，組織戰略一定要跟上發展的步伐，在阿里我們叫：一群有情有義的人，共同做一件有價值且有意義的事。組織戰略需要整個組織不斷地診斷、建設和營運，用一張業務大圖匹配組織大圖。

管理大師楊國安曾說，企業成功，等於戰略×組織能力。而阿里把它升級為「企業成功，等於戰略組織能力的冪次方」。一個組織一定要確保：員工願不願意發自內心幹一份活，員工有無能力幹這份活，現行管理制度允不允許他幹這份活？

在企業、組織裡面，人才固然是寶貴的，但每個人內心那團火它更寶貴，它能照亮不可預見的未來。但是又有什麼

問題？借來的火點燃不了一個人的內心，只有他自己感知到，自己去點燃才能夠真正地迸發。

每一個人內心都有一團火，管理者走過的時候要看到那股煙。我們要去活化組織，要去賦能員工，點燃他內心那團寶貴的火焰，最終形成「一顆心——相信的力量」。

阿里把這叫作一張圖，整個組織在這一張圖上形成合力；華為稱為主航道，聚焦所有優勢。

❀ 一場仗：團隊要靠大的活動磨煉

在組織層面，組織、團隊各方面是需要砥礪的，所以阿里最喜歡用的方式是——戰爭。阿里鐵軍就是這方面的代表，我們稱為「三六九十二大仗」，戰爭是最完美的團建表現形式！

我們把團建分為思想的團建，生活的團建，目標的團結，透過戰爭從勝利走向下一個勝利。幫助成員找到最真實的自我，突破極限，追尋夢想和迸發激情！

讓夥伴們在事上磨，透過目標的達成，去不斷地突破自己。最關鍵的是，為戰爭去創立一個精神，塑造一個軍魂，構建一片土壤，最終才能成為文化坐標。一個公司、一個組織的文化一定不是設計規劃出來的，而是在創業過程中塑造出來的，長出來的。

都說阿里鐵軍之所以能夠鑄就組織的靈魂，是源自於市場的殘酷。當時人們根本就不知道什麼叫電子商務，是在這種過程中鑄就出來的鐵軍精神，這為阿里巴巴留下了底層的文化基因，這就是組織。

　　一個組織要在戰場上塑造出來這種「魂」，創立一個精神，構建一片土壤，最終成為文化坐標。我們的管理者在這個完整的過程中，自己融入其中，收獲成長，和企業一起走向成功。

　　到此為止，整本書的內容全部完結。阿里的管理體系雖然實用，但要把這套體系梳理出來，並且能被企業的管理者所用，並非易事。在撰寫本書時，我的心是忐忑、激動和感恩的。忐忑的是怕自己寫不好，誤導讀者，或者沒有寫出阿里的精髓；激動的是隨著寫作的慢慢推進，我的思路一點點打開，我開始滿意自己的創作，並深信這本書定能幫助管理者做好招聘開除、建設團隊、獲得成果及領導力修煉；感恩的是阿里對我成長的幫助，學員們對我課程的認可，我的合夥人龔梓、王中偉及現在「知行」團隊的史雲傑、周筠盛、賈倩影等團隊成員的支持。

　　出生在一個群雄逐鹿的時代，我們要的是「打勝仗」。「中供鐵軍」打完了屬於自己的一場仗，成就了客戶，成就了阿里，成就了團隊，成就了自己，成為一支「良將如雲，弓馬殷實」的「鐵血團隊」。「路漫漫其修遠兮」，我們需要放下一切過去的榮譽重新開始。

　　以終為始，以始為終。我將繼續創作「阿里管理三板斧」之「腰部管理三板斧」、「頭部管理三板斧」、「阿里企業文化」、「領導力修煉」等作品。

　　最後將史蒂芬·褚威格（Stefan Zweig）的一句話送給大家：

　　「一個人生命中最大的幸運，莫過於在他的人生中途，即在他年富力強的時候發現了自己的使命。」

好想法26

阿里巴巴人才管理聖經

招聘開除 × 建設團隊 × 獲得成果，即學即用的三板斧選人育才術

作　　者：王建和
資深編輯：劉瑋
校　　對：劉瑋、林佳慧
封面設計：萬勝安
美術設計：洪偉傑
寶鼎行銷顧問：劉邦寧

發 行 人：洪祺祥
副總經理：洪偉傑
副總編輯：林佳慧
法律顧問：建大法律事務所
財務顧問：高威會計師事務所
出　　版：日月文化出版股份有限公司
製　　作：寶鼎出版
地　　址：台北市信義路三段151號8樓
電　　話：（02）2708-5509　　傳真：（02）2708-6157
客服信箱：service@heliopolis.com.tw
網　　址：www.heliopolis.com.tw
郵撥帳號：19716071 日月文化出版股份有限公司

總 經 銷：聯合發行股份有限公司
電　　話：（02）2917-8022　　傳真：（02）2915-7212
製版印刷：禾耕彩色印刷事業股份有限公司
初　　版：2020年6月
定　　價：380元
I S B N：978-986-248-881-2

國家圖書館出版品預行編目（CIP）資料

阿里巴巴人才管理聖經：招聘開除 × 建設團隊 ×
獲得成果，即學即用的三板斧選人育才術／王建和
著. -- 初版. -- 臺北市：日月文化，2020.06
360面；14.7×21公分. --（好想法；26）

ISBN 978-986-248-881-2（平裝）

1.電子商務 2.企業管理 3.企業領導

490.29　　　　　　　　　　　　　109005227

日月文化集團 讀者服務部 收

10658 台北市信義路三段151號8樓

對折黏貼後，即可直接郵寄

日月文化網址：**www.heliopolis.com.tw**

最新消息、活動，請參考 FB 粉絲團

大量訂購，另有折扣優惠，請洽客服中心（詳見本頁上方所示連絡方式）。

大好書屋

寶鼎出版

山岳文化

EZ TALK

EZ Japan

EZ Korea

大好書屋・寶鼎出版・山岳文化・洪圖出版　EZ叢書館　EZ Korea　EZ TALK　EZ Japan

日月文化集團
HELIOPOLIS
CULTURE GROUP

感謝您購買　　　阿里巴巴人才管理聖經：
招聘開除×建設團隊×獲得成果，即學即用的三板斧選人育才術

為提供完整服務與快速資訊，請詳細填寫以下資料，傳真至02-2708-6157或免貼郵票寄回，我們將不定期提供您最新資訊及最新優惠。

1. 姓名：_____　　　　性別：□男　　□女

2. 生日：_____年_____月_____日　　職業：_____

3. 電話：（請務必填寫一種聯絡方式）
　　（日）_____（夜）_____（手機）_____

4. 地址：□□□

5. 電子信箱：_____

6. 您從何處購買此書？□_____縣/市_____書店/量販超商
　　□_____網路書店　　□書展　　□郵購　　□其他

7. 您何時購買此書？　　年　　月　　日

8. 您購買此書的原因：（可複選）
　　□對書的主題有興趣　　□作者　　□出版社　　□工作所需　　□生活所需
　　□資訊豐富　　□價格合理（若不合理，您覺得合理價格應為_____）
　　□封面/版面編排　　□其他_____

9. 您從何處得知這本書的消息：　□書店　□網路／電子報　□量販超商　□報紙
　　□雜誌　□廣播　□電視　□他人推薦　□其他

10. 您對本書的評價：（1.非常滿意 2.滿意 3.普通 4.不滿意 5.非常不滿意）
　　書名_____　內容_____　封面設計_____　版面編排_____　文/譯筆_____

11. 您通常以何種方式購書？□書店　　□網路　　□傳真訂購　　□郵政劃撥　　□其他

12. 您最喜歡在何處買書？
　　□_____縣/市_____書店/量販超商　　□網路書店

13. 您希望我們未來出版何種主題的書？_____

14. 您認為本書還須改進的地方？提供我們的建議？
　　_____
　　_____
　　_____
　　_____

好想法　相信知識的力量
the power of knowledge

寶鼎出版